儿童的人格教育

The Education of Children

[奥] 阿尔弗雷德·阿德勒 著

张庆宗 译

华东师范大学出版社

图书在版编目（CIP）数据

儿童的人格教育 /（奥）阿尔弗雷德·阿德勒著；张庆宗译.
—上海：华东师范大学出版社，2016

ISBN 978-7-5675-5757-4

Ⅰ.①儿… Ⅱ.①阿… ②张… Ⅲ.①儿童心理学－人格心理学
Ⅳ.①B844.1②B848

中国版本图书馆CIP数据核字（2016）第262876号

儿童的人格教育

著　　者　（奥）阿尔弗雷德·阿德勒
译　　者　张庆宗
特约编辑　王丹丹
项目编辑　许　静　陈　斌
审读编辑　吴飞燕
内文设计　叶金龙
装帧设计　王忆镭

出版发行　华东师范大学出版社
社　　址　上海市中山北路3663号　邮编　200062
网　　址　www.ecnupress.com.cn
电　　话　021-60821666　行政传真　021-62572105
客服电话　021-62865537
门　　市　（邮购）电话　021-62869887
地　　址　上海市中山北路3663号华东师范大学校内先锋路口
网　　店　http: //hdsdcbs.tmall.com

印 刷 者　安徽新华印刷股份有限公司
开　　本　850×1168　32开
印　　张　7.75
字　　数　129千字
版　　次　2017年1月第1版
印　　次　2024年12月第10次
书　　号　ISBN 978-7-5675-5757-4-01/B.1049
定　　价　39.00元（精装）

出 版 人　王　焰

阿尔弗雷德·阿德勒
（1870–1937）

奥地利著名心理学家，个体心理学创始人，与弗洛伊德、荣格并称为心理学的三大奠基人。

1870年出生于奥地利维也纳郊区的一个富裕家庭，从小患有软骨病，直到4岁才会走路。5岁时患上致命的肺炎，几近死亡。这场病加上他3岁时弟弟的死亡，使他决心长大后当一名医生。

1895年取得维也纳大学医学博士学位。他特别注意由身体器官缺陷引发的自卑，认为它是驱使个人采取行动的真正动力。

1899至1900年与弗洛伊德在同一个城市里行医，结识后者并与之成为好友。1902年，受弗洛伊德的邀请加入维也纳精神分析协会，并当选为该协会主席。但是不久，两人的分歧日渐显露。

1907年发表了《器官自卑及其心理补偿的研究》的论文，扩大了从性到整个有机体的生物学基础；1908年发表论文《攻击的内驱力》，主张用一种追求的内驱力，来取代弗洛伊德心理学中作为主要内驱力的性；1910年发表论文《自卑感》和《男性的抗议》，进一步提出用作为过度补偿的男性的抗议来取代包括价值在内的整个内驱力概念。

1911年因突出强调社会因素的作用、公开反对弗洛伊德的泛性论，两人关系最终破裂。一年后，创立“个体心理学”研究学会。该学说把个体作为一个统一的整体来看待，比弗洛伊德更重视自我的功能。

1912年在《神经症的性格》一书中提出新心理学。1918年引进了“社会兴趣”这一概念。社会兴趣同克服自卑感一起，成为阿德勒心理学最重要的概念。

一战后开始进行儿童心理学研究，指出成长期儿童经历的重要性，早期记忆是影响一个人的重要心理状态。

1927年出版《个体心理学的实践与理论》与《理解人性》。

1930年出版《生活的科学》《神经症问题》《儿童的人格教育》等。

1931年出版《自卑与超越》。

1937 年，在赴苏格兰亚伯丁做演讲途中病逝，享年67岁。

张庆宗

女，汉族，出生于1964年。现任湖北大学外国语学院院长、教授。

先后发表学术论文《教育心理学》《行为教育》《外语教学与研究》《现代外语》等30余篇。出版学术专著、教材、译著等10余部。译著《教养的迷思》由上海译文出版社出版。

目　录

Contents

第五章　如何防止儿童产生自卑情结

第六章　社会情感及其发展障碍

第七章　儿童在家庭中的地位

第八章　作为准备性测试的新环境

第九章　孩子在学校的表现

引论

从心理学的角度来看，
成年人的教育问题归结为自我知觉和理性的自我引导。
儿童的教育也是如此，但它与成年人教育的区别在于儿童还不够成熟，
因此，对儿童的引导则显得至关重要。

从心理学的角度来看，成年人的教育问题归结为自我知觉和理性的自我引导。儿童的教育也是如此，但它与成年人教育的区别在于儿童还不够成熟，因此，对儿童的引导则显得至关重要。如果我们愿意，我们完全可以任由孩子们在一个合适的环境里按照其自身的节奏发展；如果他们有两万年的时间，且有一个有利的环境，我们可以允许他们按照自己的节奏发展，那么，经过两万年之后他们终究会发展到成年人的文明水平。但这个办法显然是行不通的，成年人必须在儿童的发展过程中给予指导。

缺乏对儿童的了解是最大的困难所在。让成年人了解自我、了解自我情绪变化的原因和个人好恶，即了解自我心理已经够难了，更不用说让他们基于对自己的认知去理解并引导孩子。

个体心理学不仅仅专门研究儿童心理，但儿童心理是研究的重要部分，这不仅因为其本身的重要性，还因为我们能够借其了解成年人的个性特征和行为方式。不同于其他心理学的研究方法，个体心理学将理论与实践融为一体，紧扣人格的统一性，研究人格发展和表现的动态过程。从这个角度来看，科学知识是实践的知识，因为知识就是对错误和谬误的认识。无论是心理学家、父母、朋友还是个体自身，谁要是拥有这些科学知识，谁就会立即懂得运用这些知识指导人格的发展。

个体心理学独特的研究方法使其研究的内容形成了一个有机的整体。个体心理学认为个体行为受统一人格的激发和引导，且人类行为是人类心理活动的映射。这一章将从整体上介绍个体心理学的观点，后面的章节将详细论述这一章所提出的各种相关的问题。

统一人格

关于人类发展的一个根本事实就是：人的心理总是充满着有活力、有目的的追求。一个儿童从出生开始，就时刻处于努力追求优秀、完美和优越的过程中，这种努力和追求与其潜意识中的目标是一致的。这种努力和追求反映了人类特有的思维和想象能力，不仅主宰了我们一生中所有的具体行为，甚至还决定我们的思想，因为我们的思想不是客观的，而是和我们已经形成的目标和生活方式是一致的。

统一人格存在于任何一个个体中。每一个个体既代表统一人格，又代表塑造统一人格的个体。他既是一幅画，又是一个艺术家。他是自我人格的艺术家，但作为艺术家，他既不是一个万无一失的工匠，也不是一个全面且彻底了解自我的人，他只是一个脆弱、易犯错误的、不尽完美的个体存在。

建构人格的主要问题在于：建构统一人格极其独特的方式和目标不是基于客观现实，而是基于个体对生活的主观认识。一个构想，一个对事实的看法，从来就不是事实本身。正因为如此，尽管人们生活在同一个事实世界中，但却塑造了一个个不同的自我。每一个人都基于他对事物的看法规划自己的生活，有些看法是合理的，而有些看法则不太合理。在个体发展过程中，我们必须正视这些错误的理解，尤其是儿童早期对生活形成的误解，因为这些误解将决定我们今后的生活。

以下临床案例就可以说明这一点。一位52岁的妇人总是贬低比她年长的妇女。她讲述了这样一个事实：她从小就觉得自己备受羞辱和轻视，原因是她的姐姐得到了所有人的关注。如果我们用个体心理学的观点“纵向”地来看这个案例，我们可以看到，在她生命的开端和现在（生命已处于后半程），始终是同一个心理机制在发挥作用，即害怕被轻视和对别人获得更多关注的怨恨。即使我们对这位妇人的生活和她的人格统一性一无所知，我们也可以根据以上提到的两个事实来填补我们知识的空缺，从而找到答案。心理学家和小说家一样，致力于在不影响其统一人格的情况下，通过一系列动作、生活方式和行为模式来建构一个人物。优秀的心理学家还可以预测这位妇人在不同情境下的行为表现，并能清晰地描述她人格中这条独特“生命主线”所伴随的某些个性特征。

心理补偿机制

一切在建构个体人格中采取的目标驱动活动，都有一个重要的心理学事实作为前提，即自卑感。所有的儿童都有一种与生俱来的自卑感，它会激发儿童的想象力，激励他们通过改善自己的处境来消除自卑感。改善处境的结果是减轻自卑感。从心理学的观点来看，这叫做心理补偿。

关于自卑感和心理补偿机制重要的一点是，它增加了人们犯错误的可能性。自卑感可以刺激个体完成目标，也可以导致单纯的心理调适，从而拉大个体与客观现实之间的距离。或者，自卑感的程度过于严重，这时克服自卑感唯一的途径就是形成心理补偿特征。尽管心理补偿特征不能帮助儿童克服所有情境下的自卑感，但心理补偿特征是必要的，也是不可避免的。

例如，有三类儿童可以清楚地说明心理补偿特征是如何形成的。一类是生来身体虚弱或存在身体器官缺陷的儿童；一类是从小受到严厉管教，从未得到父母疼爱的儿童；一类是从小被宠溺无度的儿童。

这三类儿童代表了三种不同的处境。通过对他们的观察，我们可以更好地研究和了解正常儿童的发展。虽然不是每一个儿童生来就是跛子，但令人吃惊的是许多儿童或多或少地表现出某些因身体残疾或器官缺陷所引发的心理特征。我们可以将跛足儿童的极端例子作为研究该类儿童心理特征的原型。实际上，几乎所有孩子要么属于被溺爱，要么属于被严厉管教的类别，甚至两者兼而有之。

这三种主要的处境都会使儿童产生一种欠缺感和自卑感，为了应对欠缺感和自卑感，他们会产生一种超越自己潜力的野心。自卑感和追求优越感是人生同一个基本事实的两面，二者不可分割。在病理学上，很难说是过度自卑更有害，还是过分追求优越感更有害。两者会按照一定的规律依次出现。过度的自卑感毒害儿童的心灵，我们发现那些因过度自卑感引发野心膨胀的儿童永远得不到满足。这种不满足感使得儿童一事无成，因为它源于不相称的野心。这种野心永久地根植于儿童的性格特征和言谈举止中，使他们变得格外敏感，时刻提防自己不受他人的伤害或践踏。

具有这种个性的儿童即使长大成人后（《个体心理学杂志》中有大量的记载），其能力仍然会停滞不前，变成“神经兮兮”或性格怪异的人。因为他们只为自己着想，从不考虑他人，所以这一类人如果发展到极致，注定会变成不负责任的人或沦为罪犯。无论在道德层面还是在心理层面，他们都是绝对的自我主义者。我们发现他们回避现实和客观事实，建构一个全新的自我世界。他们通过做白日梦或拥抱看似是现实的幻想世界，成功地找到了内心的宁静。他们通过想象建构一个现实世界，从而达成现实与心灵之间的和解。

社会情感

判断儿童或个体成长的标准是看他们是否表现出一定的社会情感，这个标准应该引起心理学家和家长的重视。社会情感是决定一个人正常发展的关键性和决定性因素。任何削弱儿童社会情感的事情都会严重影响儿童的心理发展。社会情感是儿童发展正常化的晴雨表。

正是围绕社会情感这一原则，个体心理学形成了儿童教育的方法。父母或监护人不能让孩子只和一个人建立密切的关系，否则，孩子就不能很好地适应今后的生活。

一个了解儿童社会情感发展程度的好方法，就是观察他入学时的表现。刚入学时，孩子初次迎来了最严峻的考验。学校对孩子来说是一个全新的环境。在这个新环境中，他是否做好与他人（尤其是陌生人）接触的准备都将暴露无遗。

人们普遍缺乏帮助孩子做好入学准备的知识，这就是许多父母觉得自己的学校生活犹如一场噩梦、不堪回首的原因。当然，如果学校教育得当，可以弥补儿童早期教养中存在的不足。理想的学校应该是连接家庭和广阔现实世界的桥梁，理想的学校不仅应该是教授书本知识的场所，更应该是教授生活知识和艺术的园地。在我们等待理想学校的出现以弥补父母教育的不足时，我们也应该明确指出父母在孩子教育中存在的错误。

学校可以暴露出家庭教养中存在的错误，因为学校对孩子来说不是一个十分理想的环境。如果父母没有让孩子做好与他人接触的准备，那么，孩子入学时就会感到形单影只，十分孤独。他们因此被视为怪异的孩子，并且随着时间的流逝，这种情况会变得越来越厉害。这些孩子的正常发展受到阻碍，最终变成问题儿童。在这种情况下，人们往往一味地指责学校，然而学校只不过暴露了家庭教育中的潜在问题。

问题儿童能否在学校取得进步，这在个体心理学中尚未形成定论。当孩子在学校遭遇失败时，我们能够证明这是一个危险的信号。与其说这是孩子在学业上的失败，不如说是他心理上的失败。因为孩子在学校遭遇失败意味着他开始对自己失去信心，变得气馁起来，开始回避有益的途径和任务，并时刻寻求另外的途径，寻求一条通往自由的快捷之路。他不选择社会认可的康庄大道，反而选择能够补偿其自卑感，并获得优越感的个人小径。他选择的途径对失去信心的人来说极具吸引力，能够快速地获得心理成功。与遵守社会规范相比，抛开社会和道德义务，违反法律让自己变得与众不同，且有王者风范要容易得多。尽管他表现得十分大胆和勇敢，但是选择捷径、快速获得优越感的实质却是由于胆怯与懦弱。这种人总是做一些自己笃定会成功的事情，并以此炫耀自己的优越感。

正如我们所观察到的，尽管罪犯表面上胆大妄为，内心深处却懦弱无比。同样，在有些并不是太危险的情境下，一些细微的迹象就能将孩子的软弱暴露无遗。我们经常看到不少孩子（许多成年人也是如此）站立时不是挺直腰杆，而是习惯于倚靠在某样东西上。如果用传统的方法来理解这种现象并对孩子进行训练，人们通常会说："站直了！别东倒西歪的！"但这种方法显然治标不治本。事实上，孩子倚靠东西的实质是他需要获得某种支持。人们可以通过惩罚或奖励的方法帮助孩子改掉这个毛病，但孩子需要获得支持的强烈需求并没有得到满足，这个毛病会继续存在。好的教师才能读懂这些迹象，才能用同情和理解来帮助孩子消除潜在的问题。

我们可以从某一个单一迹象推断出孩子的素质和性格特征。如果孩子喜欢倚靠在某样东西上，我们立刻就会发现这个孩子具有焦虑和依赖性等特质。把他与我们熟知的类似儿童进行比较，我们就可以重构这个类型的孩子的人格，即被溺爱孩子的人格。

我们现在来探讨另一类没有得到疼爱的孩子的性格特征。通过研究那些"人类公敌"的传记，我们可以发现他们都具有这类孩子的性格特征。在这些人的生平故事中，最突出的事实是他们在孩提时遭受过虐待。这种情况造成了他们冷酷的性格，使他们心生嫉妒和恨意，不能容忍别人的幸福。其实，这种类型的嫉妒者不仅会出现在地地道道的流氓地痞中，还会出现在正常人群体中。当这些人管教孩子时，他们会认为孩子的童年不应该比自己的童年更幸福。我们发现有些父母和监护人也有这种观点。

这种观点和想法并非出于恶意，只是反映了那些在成长过程中受到过严厉对待的人的心态。这些人可以想出许多理由和格言，例如，“不打不成器”。他们还列举无数的证据和例子，但这并不能说服我们。因为刻板、专横的教育是徒劳无益的，它只能让孩子疏远教育者。

考察不同的症状并将它们联系在一起，经过实践后，心理学家可以建构出个体的人格系统。借助这个人格系统，个体隐蔽的心理过程就可以得到解释。借助这个人格系统，我们考察的每一个点都反映了个体人格的某些方面，但只有当我们考察的每一点都显示出同样的特征，我们才会感到满意。个体心理学既是一门科学，也是一门艺术。在考察个体心理时，一定不能机械地运用理论框架和概念系统。个体才是研究的重点，我们不能仅凭一个人的一两种表达方式就得出具有深远影响的结论，我们必须寻找所有可能的证据加以支撑。只有当我们成功地证实了自己的假设，例如，在某个人行为的其他方面发现了同样的固执和气馁等特征时，我们才能确定地说：这个人的整体人格具有固执和气馁的特征。

我们要记住，研究对象并不了解他自己的表达方式，因此，他无法隐藏真正的自我。我们不能只通过一个人对自己的看法和认识来了解他的人格，而是要通过他在具体情境中的行为来解释他的人格。这并不是说他有意向我们撒谎，而是一个人有意识的思想与无意识的动机之间存在着巨大的鸿沟，而这个鸿沟最好由公正的、有同情心的局外人来填补。这个局外人，无论是心理学家、父母，还是教师，都应该学会基于客观事实来解释人格。这种客观事实表现为个体有目的但却无意识的追求。

三个问题

事实上，人们对待三个关于个人和社会生活基本问题的态度最能反映其真正的自我。第一个问题涉及社会关系，这在对比现实的主客观看法时讨论过。但是社会关系还表现为一些具体的任务，即结识朋友、与他人相处。个体应该如何面对这个问题？他的答案是什么？当一个人认为有无朋友、社会关系如何对他来说无所谓，并以此回避社会关系的问题，那么“无所谓”就是他的答案。我们可以从这个态度总结出他的人格走向和组织结构。另外需要注意的是，社会关系不仅是结交朋友和与人交往，还包括友谊、同伴情谊、诚实、真诚等抽象素质。

对社会关系的回答也反映出对以上问题的回答。

第二个问题关于个体如何运用自己人生，即他在劳动分工中扮演什么样的角色。如果说社会问题是由超出一个自我的你—我关系决定，那么，第二个问题则由人与地球的基本关系决定。如果将全人类减少至一个人，那么这个人就与地球相互关联。他希望从地球上得到什么？和第一个问题一样，职业问题也不是单方面或私人的问题，而是人与地球之间的事情。这种双边关系不是个人能掌控的。成功并不是由个人意愿所决定的，而是与客观现实相关联的。正因为如此，个体对职业问题的回答以及回答方式都反映了他的人格和他对生活的态度。

第三个基本问题是基于人类分为两性的事实。解决这个问题同样不是个人和主观方面的事情，它必须与两性关系的内在客观逻辑保持一致。我应该如何与异性相处？把这个问题当成一个典型的个人问题同样也是错误的。解决这个问题的正确方法是仔细考虑围绕两性关系的所有相关问题。很显然，任何偏离正确解决爱情和婚姻问题的方法都是错误的，都意味着人格的缺陷。对这个问题处理不当产生的许多有害后果，都可以用人格缺陷来解释。

因此，我们可以通过一个人对以上三个问题的回答，发现他总的生活方式和特殊目标。一个人的目标是无所不能的。如果一个人的目标是努力成为人类的同胞，即指向有意义的生活目标，那么，这个人对所有问题的解决方法都会留下这一目标的印记，都反映出积极有益的一面，他也会在积极、有益的活动中产生幸福感、价值感和力量感。如果目标指向另一面，指向个人的、无意义的生活，那么这个人会发现自己并不能解决一些基本的问题，从而缺乏妥善解决问题带来的愉悦。

这些基本问题之间都存在密切的联系。在社会生活中，由基本问题派生出来的特定任务必须在社会或公共情境下，即基于社会情感，才能妥善地完成，这反过来又强化了基本问题之间的关系。这些任务在童年早期就已经出现了，我们的感知器官随着社会生活的刺激，如看、听、说得到发展，我们与兄弟姐妹、父母、亲戚、熟人、伙伴、朋友和老师的关系也得到发展。这些任务以相同的方式作用于人的一生，任何人脱离了与同伴的社会关系，就注定要失败。

因此，个体心理学坚定地认为，对社会有益的事情才是“正确”的事情。任何偏离社会标准的事情都是对“正确”的冒犯，都会与客观规律和现实客观必然性相冲突。这种冲突首先使冒犯他人的人产生一种无价值感，同时也会引发一种更强的力量，即受害人的反击和报复。可以说，偏离社会标准的行为违背了人们内在的社会理想，我们每一个人都有意识或无意识地怀抱着这种理想。

个体心理学特别强调将社会公德心看作是检验儿童发展的标准，因此，个体心理学能轻而易举地了解和评价儿童的生活方式。因为一旦儿童在生活中遭遇问题，他就会在这种情境中

（如同被测试时）暴露出他是否已为该情境做好准备。也就是说，他的表现会反映出他是否有社会情感，是否有勇气，是否能够理解有益的目标。接下来我们会发现他努力追求优秀的方式和节奏、自卑感程度和社会意识的强度。所有这一切都紧密相关，相互渗透，形成一个有机的、牢不可破的统一体。这个统一体牢不可破，直到发现错误并得到重构为止。

第一章
人格的统一性

儿童的所有行为都是他总体生活和整体人格的外显。
不了解这一隐蔽的背景知识，就无从理解他的行为。
我们将这种现象叫作人格的统一性。

儿童人格的统一性

儿童的心理非常奇妙，无论哪一个方面都令人着迷。也许最奇妙的事情莫过于展开儿童生活的整个画卷以了解他们某一个特定的行为。儿童的所有行为都从整体上反映他的生活和人格。不了解这一隐蔽的背景知识，就无从理解他的行为。我们将这种现象叫作人格的统一性。

人格统一性的形成和发展就是把人的行动和表达协调为一个单一模式的过程，这种发展从幼年时期就开始了。生活要求孩子以统一的方式对外部环境做出回应，这种统一的方式不仅构建了孩子的性格，还使他的行为具有个性化，区别于其他孩子的行为。

如果说人格统一性这一事实没有完全被心理学流派所忽视，那它也没有得到应有的关注。于是我们经常发现在心理学理论和精神病学实践中，人们孤立地研究某一个手势或某一种表达，似乎它们是一个个独立的存在。有时，这种手势或表达被称为一种情结，人们认为可以将它与个体的其他行为分割开来。但是这个过程就像从一个完整的旋律中挑出一个音符，然后试图脱离组成旋律的其他音符来理解这个音符的意义。这很不合适，但不幸的是这种做法却很普遍。

个体心理学认为我们应该站出来反对这种普遍存在的错误做法，因为一旦这种做法被运用到儿童教育中会产生极大的危害。这种后果主要体现在惩罚理论中。当一个孩子做了需要惩罚的事情，通常会发生什么呢？在某种意义上，人们会注重这个孩子的人格给大家留下的总体印象，但是这对孩子来说弊大于利。因为当一个孩子屡次犯错时，老师或父母就会带着偏见来对他进行处理，认为他屡教不改。相反，如果这个孩子在其他方面都表现得很好，那么，人们基于总体印象，就不会过于严厉地处理他。然而，这两个例子都没有触及问题的实质，就像脱离了整个旋律背景来理解单个的音符一样。我们应该在理解儿童人格统一性的基础上来理解这个孩子为什么犯错误。

当我们问一个孩子为什么偷懒时，我们不能指望他明白我们想知道什么。我们也不能指望他告诉我们撒谎的原因。几千年来，洞察人性的苏格拉底说的一句话一直在我们耳边回荡："认识自己是多么困难啊！"既然这样，我们有什么权利要求一个孩子回答如此复杂的问题呢？回答这些问题对心理学家来说也不是一件容易的事。掌握了解整体人格的方法是理解单个表达意义的前提，这并不是要描述孩子做了什么、怎么做的，而是要了解他面对任务时的态度。

以下案例说明我们了解一个孩子全部的生活背景多么重要。案例中13岁的男孩有一个妹妹。5岁前他是家里唯一的孩子，并且度过了一段美好的时光。后来他的妹妹出生了。之前，他周围的每一个人都乐于满足他的每一个要求。毫无疑问，他母亲非常娇惯他。他的父亲是一个安静、性情温和的人，喜欢儿子依赖自己。由于父亲是军官，经常不在家，儿子自然而然地与母亲更亲近一些。母亲是一个聪明、善良的人，尽量满足儿子每一个心血来潮的要求。不过，她经常对儿子的无礼或具有威胁性的举动感到生气。母子之间出现了紧张状态，主要表现为儿子专横地对待母亲，对她发号施令并经常作弄她。总之，他随时随地以令人讨厌的方式引起母亲的注意。

虽然这个孩子给他的母亲带来不少麻烦，但他的本质并不坏，因此他的母亲还是处处迁就他，帮他整理衣服，辅导功课。这个孩子相信他母亲会帮助他解决遇到的任何困难。他无疑是一个聪明的孩子，和其他孩子一样受到良好的教育，在整个小学期间学业非常优秀。直到8岁那年，他的身上发生了一些重大变化，他和父母之间的关系变得令人难以忍受。他自暴自弃、无所用心，他母亲对此抓狂不已。当母亲没有满足他的愿望时，他就扯她的头发。他一刻也不消停，不是揪她的耳朵，就是抓她的手。他拒绝放弃自己的小伎俩，随着妹妹的长大，他越发变本加厉。他的小妹妹很快就变成他作弄的对象。虽然他还不至于对妹妹造成身体上的伤害，但是他明显地嫉妒她。他的恶劣行为始于妹妹的诞生，因为从那时起，妹妹成为家里人关注的焦点。

需要特别强调的是，当一个孩子变坏，或者当一些令人不愉快的现象出现时，我们不仅应该考虑这种情况出现的时间，还要注意它产生的原因。“原因”这个词在这里用得很勉强，因为人们实在无法理解妹妹的出生是哥哥变成问题儿童的原因。然而，这种情况经常发生，事实上哥哥对待妹妹出生的态度有问题。这不是严格意义上物理学的因果关系，因为我们不能说由于一个新生儿出生，大孩子就会变坏。我们只能断言，当一块石头落到地面上时，它必然以一定的方向和一定的速度下落。个体心理学调查的结果表明：严格意义上的因果关系并不会导致心理“落差”，造成心理“落差”的是那些各种大大小小的错误。这些错误将会影响一个人未来的发展。

人格的发展模式

人的心理发展过程中出现错误并不令人感到奇怪。这些错误和其后果密切相关，揭示了个体的失败和错误的方向。所有这些情况都源自心理活动的目标设定。目标设定涉及判断，而一旦涉及到判断，就有可能犯错误。目标的设定在童年早期就开始了。一般来说，孩子在2岁或3岁的时候，就为自己设定了追求优越的目标。这个目标总是出现在孩子面前，指引他以自己的方式去追求该目标。目标的设定通常会有错误的判断，但目标一旦形成，还是能对孩子形成不同程度上的约束。孩子将目标落实在具体的行动上，并依据目标安排自己的生活，从而不懈地追求该目标。

因此，孩子对事物的看法决定他的成长，要记住这一点非常重要。每当孩子遇到一个新困境，他总是在以前的错误中兜圈子，认识到这一点同样也很重要。我们知道，孩子对某一个情境认识的深度或形成的印象不是取决于客观事实或环境，而是取决于孩子对该事实的看法。这足以驳斥因果理论：客观事实与其绝对含义之间存在着必然的联系，但是，客观事实与对事实错误的看法之间却不存在这种联系。

我们心理活动的绝妙之处在于我们对事实的看法，而不是事实本身决定我们行动的方向。这一点非常重要，因为我们对事实的看法调节我们所有的行为，也是我们人格形成的基础。凯撒在埃及登陆时的情形就是主观看法影响人们行为的一个经典例子。凯撒上岸时被绊了一下，摔倒在地上，罗马士兵把这视为不祥之兆。虽然这些士兵很勇敢，但要不是凯撒振臂高呼："你属于我了，非洲！"，他们一定会打道回府。我们可以从中看到，现实自身的结构与人们的行动不具有因果关系，现实对人们的影响是通过他们自身秩序井然、整合良好的人格决定的。大众心理与理性的关系也是如此：如果大众心理让位于理性常识常识，不是因为大众心理或理性常识由某种情形决定，而是因为两者都是对该情形产生的自发性看法。通常，只有当错误的观点不断得到批判和分析时，理性常识才会出现。

让我们回到那个男孩的故事。他很快就发现自己陷入困境。再没有人喜欢他了，他在学校也没有取得什么进步，但他却依然我行我素。他不断干扰其他人，这种行为实际上是他人格的完整表达。那么当他干扰其他人时，会发生什么呢？每当他干扰其他人时，就会得到惩罚。他会领到一份坏成绩报告单，或者他父母会收到学校的投诉信。这种情形一直在持续，直到学校建议他父母把他领回家，因为他不适合学校生活。

或许这个男孩求之不得呢！因为其他解决问题的方法他都不喜欢。他行为模式中的逻辑连贯性再次体现在他的态度中。这种错误态度一旦形成，便会不断地表现出来。当他设定要成为人们关注焦点的目标时，就犯了一个根本性的错误。如果他因为犯了错误要受到惩罚的话，那么，理应受到惩罚的是目标设定中出现的错误。这个错误导致的后果是他不断地让他母亲围着他转。也因为犯了这个错误，他像国王一样作威作福，然而却在8年后被猝不及防地赶下了王位。直到他失去王位的那一刻，他只为他的母亲而存在，他的母亲也只为他而存在。妹妹出生了，他拼命挣扎要夺回失去的王位。这是他犯下的又一个错误，不过我们得承认，这个错误并不是源自恶毒的本性。当孩子对一个情境没有做好准备，而又不得不独自面对时，他就会心生怨恨。例如，一个习惯于其他人的注意力都在自己身上的孩子，突然到了一个完全相反的情境：在学校，教师对所有学生一视同仁，如果哪个孩子要求得到老师更多关注，只会惹怒老师。学校这个情境对被宠坏的孩子来说是危机四伏。但我们要知道，这些孩子最开始远不是内心恶毒或屡教不改的人。

案例中男孩的个人生活方式与学校所要求的生活方式之间发生冲突是可以理解的。如果用图解的方式来描述这种冲突，我们将会发现儿童的人格方向与学校追求的方向背道而驰。但是，儿童生活中发生的一切由他设定的目标所决定，他所有的活动都指向这个目标。另一方面，学校希望每一个孩子都有正常的生活方式，因此，两者之间产生冲突是不可避免的。不过，学校忽视了这种情境下的儿童心理，既没有表现出适当的宽容，也没有采取任何措施设法消除产生冲突的根源。

我们知道，那个男孩的生活动机源于渴望母亲只为他一个人服务。他的心理始终被这样一个念头所包围：我要控制妈妈，我要独自占有她。而学校对他另有期望：独自完成功课，自己收拾课本和作业本，并将个人物品整理好。这无疑像给一匹脱缰的野马套上了一辆马车。

在这种情况下，小孩的表现自然不会太好。当我们了解了真实情况之后，就会对这个孩子表现出更多的同情。惩罚对他没有意义，因为惩罚只会让他觉得学校不是他呆的地方。学校开除他，或要求父母把他带走，这实际上更接近他的目标了。

他错误的感知使他误入歧途，他认为自己赢了，因为他又能真正控制母亲了。母亲必须重新开始，一心一意地为他服务，这正是他所希望的。

当我们认识到事情的真相时，我们得承认对孩子的错误进行惩罚毫无意义。例如，孩子上学忘记带课本（他不忘记才怪），是因为忘记带课本，他的妈妈就有事干了。这不是一个独立的行为，而是整体人格的一部分。如果我们仍然记得个体人格的所有表现都相互关联、前后一致，那么就会理解这个男孩只是在按照自己的生活方式行事而已，他的一贯行为与他的人格逻辑相吻合。这驳斥了以下假设，即孩子无法胜任学校的功课是因为他智力低下。一个智力低下的人是不可能始终如一地按照自己的生活方式行事的。

这个复杂的案例还告诉我们，我们所有人都与这个男孩的处境相似。我们的规划、我们对生活的理解与社会的传统从来不是完全和谐一致的。过去人们认为社会传统神圣不可侵犯，然而，现在我们意识到人类社会制度中并没有什么神圣或一成不变的东西。这些制度都处在发展的过程中，发展的动力来源于社会中个体的努力和奋斗。社会制度因个体而存在，而不是个体因社会制度而存在。个体的解放在于培养他的社会意识，但社会意识并不意味着强迫个体接受整齐划一的社会模式。

个体与社会之间的关系是个体心理学的理论基础，特别适用于学校系统中以及解决那些不适应学校生活的学生的问题。

学校必须学会将学生视为一个有待于成长、具有整体人格的人。同时，学校也要学会运用心理学的知识来判断某些行为，将其纳入到整体人格的框架中进行考量，而不是把它们当作脱离整体旋律的单个音符来对待。

第二章
追求优越及其对教育的意义

除了人格统一性之外，

人性另一个重要的心理事实是追求优越感和成功。

追求优越感与自卑感密切相关，如果我们不感到自卑，

就不会有改变现状的愿望。

追求优越感

除了人格统一性之外，人性另一个重要的心理事实是追求优越感和成功。追求优越感与自卑感密切相关：如果我们不感到自卑，就不会有改变现状的愿望。追求优越感和自卑感是同一个心理现象的两个方面，为了便于表述，这里将它们分开来讨论。

首先，人们可能要问，追求优越感是否与我们的生物本能一样是与生俱来的。答案是，这是一个不大可能成立的设想。我们不能确定地说追求优越感是与生俱来的。不过我们必须承认：对优越感的追求以某种胚胎的形式存在，并有发展的可能性。也许我们这样表述比较好：人性与追求优越感密切相关。

当然，我们知道人类活动局限在一定的范围内，有些能力永远得不到发展。例如，我们永远不可能获得像狗一样的嗅觉，也不能用肉眼看见紫外线。但人的一些功能性能力可以进一步得到发展，追求优越感具有一定的生物基础，同时，追求优越感也是人格心理发展的源泉。

正如我们所看到的，儿童和成人在任何情况下都有强烈的、无法消除的想要表现自我的冲动。人性不能容忍永久的屈服，人类甚至摧毁了自己的上帝。堕落感、不确定感和自卑感总会让人产生一种达到更高目标的愿望，从而获得补偿感和完整感。

儿童有些古怪的特征是环境的力量造成的，这种力量使儿童产生自卑感、脆弱感和不确定感，而这些感受反过来又刺激儿童的整个心理生活。他们决定要摆脱这种状况，达到一个新的高度以获得一种平等的感觉。儿童向上的愿望越强烈，他们制定的目标就越高，并以此来证明自己的力量，但这些证明往往超越了人的能力范围。由于儿童从小能够获得多方面的支持和帮助，于是，他们经常想象出今后与上帝在一起的画面，认为自己与全能的上帝一样，无所不能。这种情况通常发生在那些自我感觉最脆弱的孩子身上。

有这样一个案例。一个14岁的孩子，他的心理状况非常糟糕。当我们问到他有关童年的印象时，他说他6岁的时候还不会吹口哨，他为此感到很痛苦。然而，有一天，当他走出家门时，突然会吹口哨了。他感到非常惊讶，认为自己是上帝附体了！这清楚地表明，人的脆弱感和亲近上帝有着多么密切的关系。

对优越感的渴望通常通过一些显著的性格特征表现出来。观察一个孩子对优越感的渴望，我们可以见证他全部的野心。

当孩子自我肯定的欲望极其强烈时，就会产生嫉妒心。他们非常希望对手遭受各种厄运，他们不仅有这种心理（常常会导致神经官能症），还会加害他人，制造麻烦，甚至不时地表现出赤裸裸的犯罪特征。这些孩子通过诽谤他人、透露隐私、贬损同伴来提升自我价值，其他人在场时，更是如此。他们认为没有人能超越自己，因此，他丝毫不在意他是否提高了自我价值，还是贬损了他人的价值。当权力的欲望变得过于强烈时，他们就表现出恶意和歹毒的一面。这些孩子总是表现出一副好斗、挑衅的样子，如目露凶光、勃然大怒，好像随时要与假想敌决一死战。对于这些渴求优越感的孩子来说，参加学校考试是一件极其痛苦的事情，因为考试会暴露出他们一无是处。

这个事实说明，学校有必要针对学生的情况对考试进行适当的调节。考试对于每一个孩子来说，绝不意味着同样的事情。我们发现考试对有些孩子来说是一个沉重的负担。他们在考试时脸红一阵、白一阵，说话结结巴巴，身体颤抖。他们羞怯交加，大脑一片空白。有些孩子只能与其他同学一同回答问题，不能单独回答问题，因为他们害怕别人注视着他们。孩子对优越感的渴望同样也表现在玩游戏的过程中。例如，在赶马车的游戏里，那些特别强烈追求优越感的孩子不愿意扮演马匹的角色。他总想扮演马车夫，当领导者，发号施令。如果过去的经验妨碍他扮演车夫的角色，他就会不停地捣乱，影响其他人玩游戏。如果接二连三地受挫，那么，他的雄心就会一落千丈。在以后新的情境下，他也会止步不前。

那些雄心勃勃、尚未感受到气馁的孩子喜欢各种竞争性游戏。在遭遇失败时，他们同样会表现出害怕和恐惧。从他们喜欢的游戏、故事和历史人物中，我们可以推断出他们自我肯定的程度和方向。我们发现有些成年人崇拜拿破仑，因为对于那些雄心勃勃的人来说，拿破仑是他们再好不过的楷模。沉浸在狂妄自大的白日梦里是强烈自卑感的表现，白日梦可以让失意的人在现实之外找到满足和陶醉。类似的情况也会出现在人们的睡梦中。

儿童追求优越感的不同表现

儿童追求优越感有不同的方向。根据不同的方向，我们可以将孩子分成不同的类型。这种分类可能不太精确，因为儿童在追求优越感时差异太大，我们主要依据儿童自信心的多少来进行划分。那些发展没有受到阻碍的儿童将对优越感的追求引入有益发展的轨道，他们取悦教师，守规矩，努力成为正常的学生。但从经验来看，这样的儿童并不占大多数。

也有一些儿童总想超越他人，表现在令人难以置信的执着努力中。他们在追求优越感的过程中常常夹杂着膨胀的雄心，这种雄心容易被人们忽视，因为我们通常将雄心视为激励孩子不断努力的美德。这是我们犯下的一个错误，因为过度膨胀的雄心会影响孩子的正常发展，会使孩子产生紧张心理，短时间内他还能够承受，但时间一长，压力就太大了。于是，他会花过多的时间在家里看书，其他活动就会受到影响。这些孩子通常回避其他问题，只想着在学校里出人头地。我们对这种情况并不是十分满意。因为在这种情况下，孩子的身心健康不可能得到很好的发展。

这一类儿童的目标就是要超越他人，并以此来安排自己的生活，这对他的发展不是十分有利。我们应该提醒他们不要花太多的时间看书，要出去呼吸新鲜空气，要与朋友一起玩耍，去做一些其他的事情。虽然这类儿童不占大多数，但也算常见。

此外，还会出现班上两个同学之间暗自较劲的情况。如果有机会仔细观察的话，就会发现相互竞争的孩子都有一些令人不快的特征，如嫉妒。独立、和谐的人格显然不应该有这种特征。看到其他孩子获得成功时，他们会恼怒不已；当其他孩子奋力拼搏、遥遥领先时，他们会紧张得头疼、肚子疼；当其他孩子得到表扬时，他们会退缩到一边，当然他们从来不会去赞扬别人。这种妒忌表现并没有充分反映出这一类孩子的过度雄心。

这一类孩子不能与同伴友好相处。在游戏中，他们总想指挥别人，不愿意服从游戏规则。结果是他们不喜欢与同伴一起玩耍，并以傲慢的态度对待同学。每一次与同学的接触都令他们感到不快，与同学接触越多，他们就越没有安全感。他们对成功从来就没有信心。一旦感到自己处于没有安全感的环境中，就容易紧张和不安。有两种期望让他们感到不堪重负，一是别人对他们的期望，二是他们对自己的期望。

这些孩子能敏锐地感受到家庭对他们的期望，因此，他们总是带着激动和紧张的心情去完成每一项交给他们的任务，因为在他们的心目中有一个愿望，这个愿望就是要超越他人，成为一个令人瞩目的人物。他们肩负希望的重托，但只要环境对他们有利，他们还是能够承受该重托。

让儿童保持心理平衡

如果人类有幸拥有绝对真理，能找到一种完美的方法使孩子免遭上述困难，我们就可能不会有问题儿童了。由于我们没有这种完美的办法，不能为孩子安排满意的学习条件，那么，这类儿童对成功焦虑不安的期待就变得十分危险。与拥有健康心理的儿童相比，他们面对困难时的感受完全不同。这里所说的困难是不可避免的，我们永远无法避免让孩子遇到困难。一方面是我们的教育方法不可能对每一个儿童都适合，需要不断地得到完善。另一个方面是孩子过度膨胀的雄心削弱了他们的自信心，导致他们失去正视和克服困难的勇气。

雄心勃勃的孩子只关注结果，即人们对他们成功的认可。如果成功没有得到承认和认可，那么，成功就不会让他们得到满足。我们知道在许多情况下，当孩子遇到困难时，保持心理平衡比试图立刻解决这些困难更重要。一个被过度膨胀的雄心牵引的儿童并不知道这一点，没有其他人的赞赏，他们就觉得没法活下去。这种情况多发生在那些行为方式受他人看法左右的孩子身上。

在生来有器官缺陷的儿童身上可以看到，在价值问题上保持心理平衡是多么重要。这种例子比比皆是。许多儿童身体的左半部比右半部发育得好一些，但很少有人知道这个情况。在我们这个惯用右手的文化中，左撇子儿童遭遇到很多困难。有必要用某种方法来发现一个孩子是惯用右手还是惯用左手。我们几乎无一例外地发现，左撇子儿童在书写、阅读和绘画等方面存在极大的困难，在运用手的方面一般都显得十分笨拙。要判断一个孩子是否是天生的左撇子，一个简单但不确定的方法是要求他双手交叉。左撇子儿童在双手交叉时，左手大拇指放在右手大拇指之上。令人吃惊的是竟然有许多人是天生的左撇子，而他们自己却不知道。

在我们大量调查了左撇子儿童的历史后，我们发现了以下事实。首先，左撇子儿童通常被认为笨拙不堪（在我们这个方便使用右手的世界中并不奇怪）。试想当我们习惯了车辆在马路右边行驶，而在车辆行驶在马路左边的城市里过马路将会是多么复杂（例如英国、阿根廷等），这就不难理解左撇子的处境了。当一个左撇子儿童的家人都习惯使用右手，那么他的处境就更糟糕了。他使用左手不仅会影响家人，还会影响到自己。在学校学习写字时，他的能力低于平均水平。由于不了解其中的原因，他会受到老师的责骂，会得到较低的分数，还会经常受到惩罚。孩子自己也无法解释这一切，只能相信自己比其他同学差。他感觉受到限制，感到自卑，觉得自己不能与其他同学竞争。在家里也因为笨拙而受到责骂，这更加重了他的自卑感。

当然，这个孩子并不一定会因此一蹶不振，但许多儿童在类似令人沮丧的情况下放弃了努力。由于他们不了解真实情况，也没有人跟他们解释如何克服困难，他们很难再继续努力下去。同样，许多人的笔迹潦草得难以辨认，因为他们没有充分训练过用右手写字。其实，这个障碍是可以克服的。许多优秀的艺术家、画家和雕塑家都是左撇子，他们经过训练后获得了使用右手的能力。

有一种迷信认为，训练和矫正左撇子会使他们变成结巴。这可能是因为左撇子儿童面临的困难太大，以至于他们丧失了说话的勇气。这也是为什么在有心理问题的人（神经官能症患者、自杀者、罪犯、性变态者等）当中，有特别多的左撇子。另一方面，人们发现那些克服了左撇子问题的人最终获得了很高的成就，这种情况通常发生在艺术领域。

不管左撇子特征显得多么微不足道，但它可以给我们带来一些重要的启示：如果我们不能将儿童的勇气和毅力提升到一定的程度，就无法判定他的能力发展。当我们威胁他们、夺走他们对美好生活的希望时，发现他们依然能够继续坚持下去。但如果我们增强他们的勇气，他们就会取得更大的成就。

学校教育与个体发展

有过度膨胀雄心的儿童往往处境很糟糕，因为人们通常用成功来评判他们，而不是根据他们面对困难和克服困难的能力来评价他们。在现有的文明下，人们更关注外在的成功，而不是全面的教育。我们知道，不费吹灰之力得来的成功如同过眼云烟，因此，训练孩子成为雄心勃勃的人并没有什么好处。重要的是要让孩子成为勇敢、坚韧、自信的人，要让他们认识到面对失败不气馁，要把失败当作一个新问题去解决。如果老师能够判断孩子是否付出了足够的努力、哪些努力是徒劳无益的，那么，对孩子的培养就会变得更容易一些。

追求优越感常常表现为争强好胜。许多追求优越感的孩子一开始都表现得雄心勃勃，但很快就放弃了努力和拼搏，因为其他孩子已经远远走在了前面。许多老师采取严厉的措施，或给他们打低分，想以此来激发他们潜在的雄心。如果这些学生身上还残存一些勇气的话，那么这个方法可能会奏效。但是这种方法不宜普遍使用。对于那些在学业上已接近警戒线、已陷入混乱状态的学生来说，使用这种方法只会让他们变得更加愚蠢。

另一方面，如果以温柔、关心和理解的方式对待这些孩子，他们会令人惊讶地表现出意想不到的智力和能力。通过这种方式转变过来的孩子常常表现出更大的雄心，因为他们害怕回到原来的状态。过去的生活状态和无所作为像警示信号一样，不断地激励他们向前。在接下来的生活中，他们像着了魔一样，夜以继日忙个不停，饱受过度工作的折磨，因为他们认为自己做得还不够好。

如果我们仍然记得个体心理学的主要思想，即个体的人格是一个统一体，这种人格表现与个体的行为模式一致，那么上面所有的一切就变得清晰了。脱离行为者的人格来判断他的某一个行为是错误的，因为一个特定的行为可以有多种不同的解释。如果我们了解某一种行为，如拖延，是孩子面对学校功课时的必然反应，那么对这种具体行为进行判断的不确定性就消失了。孩子的拖延反应只不过是他不想上学、不想完成学校功课的表现罢了。事实上，他想方设法不遵守学校的规定。

从这个观点出发，我们就可以理解学校里的“坏孩子”究竟是怎么一回事。如果孩子对优越感的追求没有使他们接受学校，反而是排斥学校时，悲剧就发生了。他身上会出现一系列典型的反常行为，并逐渐变得屡教不改。他可能变成一个小丑，除了做恶作剧引得大家哄堂大笑之外，他无所用心；他可能惹恼同学；他也可能逃学，与一些狐朋狗友为伍。

因此，我们不仅掌握学生的命运，还决定学生的发展。学校教育对个体的发展起关键性作用。学校是连接家庭和社会生活的中间环节，它有机会矫正孩子在家庭教养中形成的错误生活方式，也有责任帮助孩子为适应社会生活做好准备，确保他们在社会这个大乐团中和谐地奏响各自的乐章。

当我们从历史的角度来考察学校的作用时，我们发现学校总是按照当时的社会理想培养人和塑造人。在历史上，学校先后为贵族、宗教、资产阶级和平民阶层服务，按照时代和统治者的要求来教育儿童。如果当今理想的人是具有独立性、自制力和富有勇气的人，那么学校就要相应地作出调整，培养接近这种理想的人。

也就是说，学校不应该将学校自身视为终极目的，必须认识到学校是为社会而不是为学校教育学生。因此，学校不应该忽视任何一个放弃成为好学生理想的儿童。这些孩子对优越感的追求不一定比其他的孩子少，他们不过是将注意力转移到一些不需要太多努力的事情上去了。他们认为做这些事情更容易获得成功，这可能是因为他们早年曾无意识地在这些方面进行过一些练习。他们可能当不上才华横溢的数学家，但有可能在体育方面有所建树。教师不要对这些专长视而不见，而要将它们作为突破口，鼓励孩子在其他领域取得进步。当教师从孩子某一个方面的特长入手，让孩子相信自己可以在其他领域获得同样的成功，那么教师的任务就变得容易得多，这就像把羊群从一个水草肥美的牧场带到另一个水草肥美的牧场一样。既然所有的儿童（弱智儿童除外）都有能力获得学业成功，那么，需要克服的就是那些人为的障碍。这些人为障碍源自于学校将抽象的学业成绩，而不是将教育和社会的终极目标作为评判学生的标准。在学生方面，障碍表现为缺乏自信心，其后果是学生对优越感的追求与对社会有益的活动脱节。因为在有益的活动中，他们找不到优越感。

在这种情况下，孩子会怎么做呢？他会选择逃避。我们经常发现，这些孩子会有一些古怪的行为，如固执和无礼。这些行为当然不会得到老师的赞扬，但会吸引老师的注意，得到其他孩子的赞赏。他们会不断地制造麻烦，把自己当作英雄。

这些心理表现和偏离规范的行为在学校这个实验情境中被暴露出来。虽然这些问题在学校浮出水面，但根源却不在学校。从消极的意义上来看，学校没有履行主动教育和矫正错误的使命，而是变成了一个让早期家庭教养中的问题得以曝光的实验站。

具有敏锐观察力的称职教师在孩子入学的第一天就可以观察到许多东西。很多儿童在学校这个新的情境中感到非常痛苦和不适，会很快地暴露出被溺爱的种种迹象。这些孩子没有与人交往的经验，而与人交往是结交朋友最基本的要求。孩子入学时最好要具备一些如何与人交往的知识。他不能只依赖某一个人，将其他所有的人都排除在外。家庭教养的错误必须在学校里得到矫正，当然，如果小孩没有这些问题是最好不过了。

对于那些在家里被宠坏的孩子，我们不能指望他们突然就能专注于学校的学习。这样的孩子不可能专心于学习，他不愿意上学，宁愿呆在家里。事实上，他们没有“学校意识”。小孩厌恶上学的迹象很容易被发现，例如，父母早上要哄他起床，要不断地督促他做这个、干那个，小孩吃早饭时磨磨蹭蹭等。这个小孩似乎已经筑起了一道不可逾越的障碍，阻止自己取得任何进步。

解决这种问题的方法与对待左撇子儿童一样，我们要给他们时间去学习、去适应。如果孩子上学迟到，我们不要惩罚他们，因为惩罚只会加重他们在学校里的不快乐感，会让他们更加确定自己不属于学校。当父母鞭笞孩子，强迫他去上学时，他不仅不想去上学，还会想方设法应对这种处境。当然，他们想出来的方法不是如何解决困难，而是逃避问题。孩子对学校的厌恶以及他无力解决学业上的问题每时每刻都从他的行为中反映出来，他从来不会把书本整理好，总是丢三落四的。如果一个孩子总是忘记带书或丢失课本，我们可以断定他不能很好适应学校生活。

通过观察，我们发现这些孩子对在学校取得进步不抱任何希望。这种自我贬低并不完全是他们的错，是他们所处的环境使他们误入歧途。父母发怒的时候说他们的前途一片黯淡，或骂他们是笨蛋、一无是处。这些孩子发现学校似乎也印证了父母对自己的预言和指责。他们缺乏纠正自己错误认识的判断力和分析能力（他们的长辈也同样缺乏这些能力），于是，在困难面前他们不战而败。他们认为失败是不可避免的，失败证明了自己的无能和自卑。

因为在我们的生活环境里，错误一旦发生，矫正的可能性很小；也因为尽管这些孩子很努力，但还是落后于他人，他们因此放弃努力，开始寻找各种理由不去上学。逃学是一个最危险的信号，逃学被看作是最恶劣的行为，理应受到最严厉的惩罚。于是，孩子迫于无奈，不得不用一些雕虫小技和谎言使自己蒙混过关。不过，他们还会使用一些其他的手段，如他们冒充家长签字，涂改成绩单等。他们编造大量谎言，向家长讲述自己在学校里的所作所为，而实际上他们已经好长时间没有上学了。在上课期间，他们要找藏身之地。不用说，他们找的藏身之地也是其他孩子躲藏的地方，于是便与其他逃学的孩子混在一起。仅仅逃学还不能满足他们对优越感的追求，于是，他们采取进一步的行动，即通过违法活动达到追求优越感的目的。他们在歧途上越走越远，最终走上犯罪道路。他们拉帮结派，偷盗，尝试性变态行为，以此验证自己已经长大成人。

既然迈出了一大步，他们还要寻找新的方法来满足自己的野心。因为他们的违法行为没有被人发现，他们觉得自己可以实施更狡猾的犯罪。许多儿童不愿意放弃犯罪，他们沿着犯罪的道路越走越远，因为他们认为自己不可能在其他方面取得成功。他们排斥一切有益的活动。受到同伴行为不断刺激的野心，驱使他们去干一些自私或反社会的事情。我们发现有犯罪倾向的儿童同时也极端自负，自负与野心一样，它迫使这些儿童不断以这样或那样的方式来表现自己。当他不能在生活有益的方面来表现自己，那么，他就转向无价值的一面表现自己。

有一个男孩杀死了自己老师的案例。通过观察这个案例，我们发现这个男孩具有上述所有的性格特征。男孩的家庭教师认为自己很了解心理生活的表达和功能。这个男孩在一个受到精心照顾却过于紧张的气氛中长大，对自己完全失去信心。他曾经雄心勃勃，后来却一蹶不振。生活和学校不能满足他的期望，于是他转向犯罪，以此摆脱教师和教育专家的控制。我们的社会还没有设立一个专门将犯罪，特别是青少年犯罪当作教育问题来解决的机构，或者说，当作心理问题来矫正的机构。

从事与教育相关的人都熟悉这样一个奇妙的现象，即我们经常在教师、牧师、医生和律师的家里发现固执、任性的孩子。这种情况不仅发生在职业声望不高的教育者家庭里，而且还会发生在那些知名的教育家的家庭里。尽管这些教育者拥有较高的职业权威，但却不能给家里带来安宁和秩序。因为在他们的家庭里，某些重要的观点不是被完全忽视了，就是没有完全被理解。部分原因在于，作为教育者的父母凭借自己的权威，将一些严格的规则和规定强加给自己的家人。他们异常严厉地压迫自己的孩子，威胁要剥夺孩子的自由，实际上已经剥夺了他们的自由。他们似乎在孩子身上唤醒了一种反抗情绪，这种反抗情绪来自孩子曾遭受棒打的记忆。我们要记住，刻意的教育通常会使教育者的观察力变得异常敏锐。在绝大多数情况下，这是一件好事。但是涉及到孩子时，就会使得他们总想成为被关注的中心。孩子把自己当作实验的展示品，认为其他人在教育实验中起决定性作用，应该对实验负责，同时，其他人必须帮助他们扫除一切困难和障碍，而他们自己则不负任何责任。

第三章
如何引导孩子追求优越感

每一个孩子都在追求优越感。
父母或教师的任务就是要将这种追求引向富有成效和有益的方向，
确保追求优越感能给孩子带来心理健康和幸福，
而不是神经症和精神错乱。

区分有益与无益的优越感追求

每个孩子都在追求优越感。父母或教师的任务就是要将这种追求引向富有成效和有益的方向，确保追求优越感能给孩子带来心理健康和幸福，而不是神经症和精神错乱。

如何实现这个目标呢？区分有益和无益的优越感追求的基础是什么？答案是：追求的优越感是否符合社会利益。我们很难想象一个值得人们称道的成就与社会无关。那些高贵、高尚、有价值的行为不仅对行为者自身有价值，而且对社会也同样有价值。因此，儿童教育的实质就是要培养孩子的社会情感，或增强孩子的社会团结意识。

不了解社会情感的孩子通常会成为问题儿童，他们对优越感的追求没有指向对社会有益的方向。

至于什么对社会有益，仁者见仁，智者见智。但是有一点是肯定的，即我们可以通过果实来判断一棵树的好坏。任何一个行为的结果都表明它是否对社会有益，这意味着我们必须把时间和效果考虑进来。事实上，这个行为必须与现实逻辑有交集，一般来说，交集点会显示这个行为与社会需求是否相关。事物的普遍结构是价值判断的标准，行为的结果与该标准是相互一致还是相互冲突迟早会显现出来。幸运的是，在现实生活中并没有太多的情形需要我们运用复杂的评价技术进行判断。我们很难预见到社会运动、政治趋势的效果，它们争议的空间比较大。然而，在个体生活中，特定的行为效果最终会显示出这些行为是有益的、正确的，还是无益的、错误的。从科学的观点来看，我们不能将某种行为看作是善和有益的，除非它是绝对真理，是解决生活难题的正确方法。生活中的难题受地球、宇宙和人与人之间关系的逻辑制约。客观宇宙和人类宇宙之间的制约就像一道摆在我们面前的数学题，尽管我们不能总找到解决它的方法，但答案早已隐藏在问题之中。我们只能通过参照问题的原始数据的方式，才能确定解决方法的正确与否。遗憾的是，有时验证某种解决方法的时机来得太迟，以至于我们没有改正错误的时间了。

那些不能从逻辑、客观的观点审视自己生活的人，多数情况下不能理解自己行为模式的一致性。当问题出现时，他们感到异常害怕。这时他们不是去解决问题，而是将遇到的问题归咎于自己走错了路。同样要记住，对于孩子来说，当他们偏离了对社会有益的方向，他们不会从消极的经验中获得积极的教训，因为他们不理解问题的意义所在。因此，我们有必要教育儿童不要把自己的生活看作是一系列互不关联的事件，而要将生活看作是一条连续的、贯穿所有事件的主线。发生在孩子生活中的任何事件都不能脱离他的生活情境加以思考，只有与他之前的经历联系在一起才能得到理解。只有当孩子了解了这一点，他才会明白自己为什么会误入歧途。

懒惰心理学

在进一步讨论追求优越感正确方向和错误方向的差异之前，要先谈谈一种与我们普遍理论相矛盾的行为，这种行为就是懒惰。从表面上看，懒惰与所有儿童都有的一种天生追求优越感的心理相冲突。事实上，懒惰的孩子挨骂是因为他没有追求优越感的表现，因为他没有雄心壮志。但如果我们仔细地观察这些懒惰的儿童，就会发现这种流行的观点是错误的。懒惰的孩子也有一些优势：他不用为别人对他的期望所累；不用取得太大的进步，这在某种程度上也会得到人们的谅解；他无需努力，总表现出一副懒散的样子。然而，由于懒惰，他能成功地把自己置于聚光灯下，至少他的父母得为他操心。当我们想到有许多儿童为了引起别人的注意而不惜一切代价，我们就会明白为什么有些儿童会通过偷懒的方式来引起别人的注意。

然而，这种对懒惰的心理学解释并不全面。有许多儿童之所以懒惰，是想让自己的日子好过一些。他们的无能和无所作为都是因为懒惰。很少听到人们指责他们能力不强，相反，经常听到他们的家人这样说道："如果他不偷懒，有什么做不到的呢？"这些孩子满足于人们对他的这种看法，即如果他们不偷懒，他们将无所不能。实际上，这对于缺乏自信的儿童来说，是一种安慰。这是一种对成功的替代，孩子和成人都一样。这个荒谬的条件句——"如果不偷懒，我有什么做不到的呢？"，减轻了他们的失败感。当这些孩子真的做了某些事情，小小的成绩在他们看来就具有特别的意义。这些微不足道的成绩与他们之前的无所作为形成鲜明的对比，并因此得到人们的赞扬，而那些一直努力学习、取得较大成绩的同学，却得到较少的认可。

我们看到，在懒惰的背后暗藏着一种不被人们理解的计谋。懒惰的孩子像在走钢丝，下面拉着一张保护网，即使他们从钢丝上掉下来，也不会受伤。人们对懒惰儿童的批评总是柔和一些，不太会伤及他们的自尊。指责一个孩子懒惰比指责他无能，对他造成的伤害会小一些。总之，懒惰就像一个保护屏，掩盖了他的不自信，同时，也阻止他试图去解决面临的问题。

如果我们看一下当前的教育方法，就会发现这些方法恰好满足了懒惰孩子的期望。人们越责备一个孩子懒惰，那么就越中他的下怀。因为周围的人天天围着他转，并且责骂转移了人们的注意力，使人们不再关注他的能力问题，而这正是他所希望的。惩罚也会产生一样的效果。教师总是希望通过惩罚的手段让孩子改掉懒惰的毛病，但往往以失败告终。即使是最严厉的惩罚也不能将一个懒惰的孩子变成一个勤奋的孩子。

如果孩子真的发生了转变，那只是处境变化的结果。例如，孩子取得了意想不到的成功，或者从一个严苛的教师转到一个温和的教师手上。新教师理解他，与他真诚地谈话，给他信心，而不是削减他所剩无几的勇气。在这种情形下，懒惰的孩子会突然变得很勤奋。我们经常会遇到一些孩子在入学的头几年在班上垫底，但换了一个新学校后却异常勤奋，这是因为学校的环境发生了改变。

有些孩子不是选择偷懒，而是选择装病来逃避有益的活动。有些孩子却在考试期间异常兴奋，他们认为，他们会因为自己的紧张状态而受到某些照顾。同样的心理还表现在爱哭的孩子身上，哭叫和兴奋都是请求获得特权的表现。

口吃的心理

还有一些具有同样心理、需要特殊照顾的孩子，例如有口吃毛病的孩子。那些与幼儿有过许多接触的人都会注意到，几乎所有的孩子在开始说话的时候，都有轻微的口吃。我们知道，语言发展的速度受许多因素的影响，其中主要受社会情感的影响。与回避他人的儿童相比，那些具有社会意识、愿意与同伴交往的儿童能更快、更轻松地学会说话。语言在有的场合是多余的，例如，对于被过度保护和溺爱的孩子来说，他的每一个愿望都是神圣的，在他开口说话之前，他的愿望都已得到了满足（就像人们对待聋哑儿童一样）。

当孩子四五岁时还不会说话，父母才开始担心孩子是否是聋哑儿童。但他们很快就发现孩子的听力正常，自然就排除了聋哑的可能。另一方面，人们观察到这些孩子真的生活在不用说话的环境里。他们生活在“饭来张口、衣来伸手”的环境里，没有说话的需求，因此，很晚才学会说话。语言是追求优越感和发展的标志。儿童必须用语言来表达自己对优越感的追求，无论是采取给他的家庭带来欢乐的方式，还是采取有助于他满足自己需要的方式。如果这两种方式都没有的话，那么，我们就能预料到孩子的语言发展出现了问题。

还有其他的一些语言障碍，例如，儿童不能正确地发r、k和s等辅音。这些语言障碍都可以得到矫正。但令人瞩目的是，有许多成年人有口吃、咬舌或说话含糊不清的毛病。

随着年龄的增长，绝大多数儿童口吃的毛病会逐渐消失，只有一小部分儿童需要治疗。我们可以从一个13岁男孩的案例中对治疗过程略知一二。案例中的男孩在6岁的时候开始接受治疗，治疗持续了一年，但不成功。在接下来的一年里，这个男孩没有接受专业治疗。第三年，又请了一个医生，还是没有任何起色。第四年没有接受任何治疗。第五年的头两个月，一位语言专家使他的情况变得更糟糕。一段时间之后，这个男孩被送到一家专治语言障碍的机构进行治疗。持续两个月的治疗看似富有成效，但6个月后，男孩的口吃再次复发。

接下来，这个男孩在另一位语言专家那里接受了8个月的治疗，情况不仅没有好转，反而进一步加重。后来又请了一位医生，同样没有任何效果。在接下来的暑假里，男孩的情况有所好转，但在假期结束时，他又回到原样。

大多数治疗是让男孩做一些大声朗读、慢速说话的练习。值得注意的是，某种形式的兴奋会使口吃暂时得到缓解，但很快就会复发。这个男孩没有什么器官缺陷，只是小时候从二楼摔下来，得过脑震荡。

认识这个男孩有一年时间的教师这样描述："他是一个有教养、勤奋的孩子，但容易脸红，有些急躁。"这位老师说，法语和地理是他最头疼的科目。一到考试，他就变得异常紧张。但老师发现他喜欢体操和运动，也喜欢技术性的活动。这个男孩没有表现出领导者的特质，他与同学相处得很好，但偶尔与弟弟吵架。他是个左撇子，一年前他的右脸得过面瘫。

让我们来看看他的家庭环境。他的父亲是一个神经紧张的商人，当儿子结巴时，就非常严厉地责骂他。这个男孩有一个家庭教师，因此他很少有机会出去玩，他非常渴望自由。他还觉得妈妈对他不公平，因为她更喜欢弟弟一些。

基于以上事实，我们可以得出以下结论：男孩容易脸红表明他与别人交往时很紧张。他的脸红似乎与口吃有一定的相关性。他喜欢的一位老师都没能治愈他的口吃，因为他的口吃已经在他身体系统内机械化、自动化了，他的口吃实际上表达了他不喜欢其他人。

我们知道，口吃的发生不是源自外部环境，而是源自口吃者对外部环境的感知。案例中男孩的易怒在心理学上具有十分重要的意义。他并不是一个被动的孩子，他只是用易怒来表达对认可度和优越感的追求。个性脆弱的人通常都是这样。另一个证明是他跟弟弟吵架时显得灰心丧气。他考试时的紧张情绪表明他害怕失败，害怕自己不如其他人。强烈的自卑感将他对优越感的追求引入一个无益的方向。

由于家里不如学校令人愉快，这个男孩更愿意上学。在家里，他的弟弟是大家关注的中心。身体受伤或受到惊吓一般不会引起口吃，但会夺走他的勇气。弟弟的出生把他推到了家庭的边缘，对他产生了较大的影响。

另一个对他有重大影响的事情是，他8岁之前还一直在尿床。尿床多半发生在那些先前得到万般宠爱、后来“失去王位”的孩子身上。尿床无疑表明了他在夜间也要争夺妈妈的注意力，表明他不甘心一个人独处。

这个男孩的口吃可以通过鼓励和学会自立得到治愈。给他布置一些他能够完成的任务，这样他就可以获得自信。这个男孩承认弟弟的到来令自己很不开心。我们必须让他明白，他的嫉妒使他误入歧途。

口吃还有许多其他的症状。我们想知道，当口吃者激动时会发生什么呢？当许多口吃者发怒骂人的时候，丝毫没有口吃的迹象。当一些年长的口吃者朗诵或恋爱时，他们也不会口吃。这些事实表明产生口吃的关键因素在于口吃者与其他人的关系时。发生口吃的关键时刻是口吃者要与其他人面对面接触和建立一定的关系，或者要借助语言来表达这种关系时，他的紧张度就会增加，口吃随即就会发生。

当一个孩子不费力气学会说话时，没有人会注意到他的进步，但当一个孩子说话结结巴巴时，那么他就成为全家人关注的焦点。全家人将所有的注意力倾注在这个孩子身上，因此，他也会特别关注自己如何说话。他开始有意识地控制自己的表达，而那些说话正常的孩子并不这么做。当我们有意识地控制某种自动发生的功能时，反而会抑制该功能。梅林克的童话《癞蛤蟆的逃脱》就是一个很好的例子。当一只癞蛤蟆遇到一条千足虫时，立即对千足虫了不起的能力赞叹不已。癞蛤蟆问："你能告诉我你先移动哪一只脚，然后按什么顺序移动另外999只脚吗？"千足虫开始思考并观察脚的运动，试图控制哪一只脚先动，哪一只脚后动，结果发现自己完全被弄糊涂了，结果竟然一只脚也迈不动了。

控制生命的进程固然重要，不过试图去控制每一个单独的节奏却是有害的。只有当我们身体的运动自动化时，我们才能创造出艺术品。

尽管口吃会给孩子的未来带来灾难性影响，尽管家庭给予口吃儿童的同情和特别关注不利于他们的成长，但许多人还是为此找出各种理由，不愿意面对现实和改变现状。父母和孩子都是如此，因为他们对未来不抱任何信心。口吃儿童尤其满足于依赖他人，满足于通过表面上的劣势来保持自己的优势。

巴尔扎克写了一个故事说明人们如何将明显的劣势转化为优势。有两个商人都想在一桩生意中获得最大利益。当他们讨价还价时，其中一个商人开始结巴。另一个商人惊讶地发现，口吃的商人为自己赢得了思考的时间，他迅速找到了制衡的武器，他突然装作耳聋，好像什么也听不见。这时口吃的商人显然处于劣势，他费尽力气让对方听见自己说的话。这样双方就扯平了。

我们不能像对待犯人那样对待口吃者，尽管他们有时利用口吃为自己赢得时间，或者让其他人等待。我们要鼓励口吃的儿童，要温柔地对待他们。只有通过友好的启发和增强他们的勇气，他们的口吃才能得到彻底的治愈。

第四章
儿童的自卑情结

自卑情结是一种不正常的自卑感，
它促使人们去寻求可以轻易获得的补偿和满足，
同时通过放大困难和降低勇气来阻止人们通向成功的道路。

鼓励儿童

在我们每个人身上，追求优越感和自卑感是密切相关的。我们之所以追求优越感，是因为我们感到自卑。通过成功地追求优越感，我们才能克服自卑感。然而，自卑感不足以成为心理问题，除非成功追求的机制受到阻碍，或者对器官缺陷的心理反应超出了令人可以承受的程度，这时就形成自卑情结。自卑情结是一种不正常的自卑感，它促使人们去寻求可以轻易获得的补偿和满足，同时通过放大困难和降低勇气阻止人们通向成功的道路。

我们再来看看那个13岁的口吃男孩。他的灰心丧气在一定程度上造成了他的持续性口吃，而他的口吃又增强了他的沮丧感，这就形成了神经性自卑情结的恶性循环。这个男孩想把自己隐藏起来，不想与人交往，他放弃了希望，甚至想到了自杀。他的口吃成为他生活方式的表达和延续。他给周围人留下了这样的印象，即口吃使他成为人们关注的中心，口吃缓解了他内心的不适。

这个男孩为自己在这个世界上设立了一个难以企及的错误的目标。他对声望孜孜以求，因此他表现出性情温和的一面，与他人友好相处，把自己的事情处理得井然有序。他觉得万一在这些方面失败了，他必须得有一个借口，这个借口就是他的口吃。这个男孩的案例很有意义，他生活中的绝大部分时间是积极向上的，只是在某一个阶段，他在判断和勇气方面出了问题。

当然口吃只是这些丧失勇气的孩子不相信凭借自己的能力能够取得成功时使用的一种手段。这些孩子使用的手段可以与大自然赋予动物的武器——利爪和锐角相提并论。孩子使用这些手段是因为他自身的脆弱，是源于他没有利爪和锐角等外部武器而无法应对生活时产生的绝望。值得注意的是，有许多东西可以充当这类武器。有些孩子无法控制自己的大小便，说明他们不想告别婴儿期。因为在婴儿期，他们可以自由自在，没有功课，没有痛苦。其实这些无法控制大小便的孩子很少有大肠和膀胱方面的毛病。他们只是想凭借这些伎俩来唤起父母和老师的同情，当然这些伎俩有时也会遭到同伴的嘲笑。这种表现不应该被视为疾病，它是自卑情结的表达，或者是以一种危险的方式追求优越感。

我们可以想象口吃是如何从一个很小的生理问题发展而来的。在很长一段时间里，这个男孩是家里的独生子，他的妈妈一心扑在他身上。当他长大后，觉得自己没有得到足够的关注，而他的表达机会却越来越少，因此，他想出一个新的花招以获取别人的注意力。口吃对他来说意义非凡。他注意到当他说话时，家人会观察他的口型。通过口吃，他可以得到原本属于弟弟的时间和关注。

他在学校的情形也一样。有一位老师在他身上倾注了大量的时间。口吃使他在家里和学校都能获得一种优越感。在学校，他像好学生一样赢得了大家的喜爱，这正是他渴望得到的。他无疑是一个好学生，不过在各个方面他都得到了一些照顾。

另一方面，尽管口吃使老师对他非常宽容，但口吃不是一个值得推荐的方法。当他没有得到自己希望得到的关注时，他受到的伤害比其他的孩子大得多。伴随着弟弟的出生，如何保持自己曾经拥有的关注度则成为他的心病。与其他正常儿童不同，他没有能力把自己的兴趣转移到其他人身上。他排斥其他所有的人，只把妈妈当作家里最重要的人。

对待这类孩子的方法是增强他们的勇气，让他们相信自己的力量和能力。要用一种同情的态度与他们建立起友好的关系，不能采取严厉的措施恐吓他们。虽然这样做很有意义，但还不够。我们要用友好的关系来鼓励他们不断取得进步。要做到这一点，我们必须让孩子变得更加自立，要想方设法使他们对自己的心理和生理能量产生信心。要让他们相信可以通过勤奋、坚韧、练习和勇气取得他们以往没有取得的成绩。儿童教育中最大的错误就是父母或教师预言那些误入歧途的孩子不会有好的结果。这种愚蠢的预言会使情况变得更加糟糕，因为它加剧了孩子的懦弱。我们应该用乐观的精神来激励他们，正如维吉尔说的，“他们可以做到，因为他们相信自己可以做到”。

千万不要相信我们可以用羞辱的手段使孩子改进自己的行为，尽管有的孩子因为害怕别人的嘲笑而改变自己的行为。从以下的例子中我们可以看到这种做法是毫无依据的。有一个男孩因为不会游泳，不断地受到朋友的取笑，最终他再也无法容忍这一切，从跳板上一跃而起跳入水中，人们费了很大的力气才把他救上来。面临失去尊严的懦夫才会做出克服懦弱的事情，但这不是正确解决问题的方法。上述的例子表明，这个男孩采用了懦弱、无意义的方式去回应他原先的懦弱。男孩真正的懦弱在于他害怕承认自己不会游泳，从而失去在朋友中的地位。他不顾一切地跳入水中不仅没有治愈自己的懦弱，反而强化了他不敢面对现实的懦弱倾向。

懦弱是一种破坏人际关系的特质。总是为自己感到烦恼、不考虑他人的孩子会不惜牺牲朋友的利益来获得威信。懦弱的后果是唤醒了消除社会情感的个人主义和争强好胜的态度，然而并没有消除对他人意见的恐惧心理。一个懦夫总是担心被人取笑、轻视或贬损。他实际上总是被别人的意见摆布。他就像生活在敌对的国度里，由此产生多疑、嫉妒和自私的心理。

懦弱的儿童会变成挑剔、唠叨的人。他们不情愿赞扬其他人，如果别人得到表扬，他们就心生怨恨。他们不是通过自己的成就，而是通过贬低他人达到超越其他人的目的。这是一种软弱的表现。如何消除孩子对他人的敌意是一个不容忽视的教育任务，尤其是对那些认识到这些问题的人来说更是如此。那些没有发现问题的人固然可以得到原谅，但他不知道如何矫正由于敌意而产生的性格特征。但当我们知道问题的关键是让孩子与现实世界和生活达成和解，指出他们的错误，向他们解释他们的错误在于不想通过努力而获得威信，那么我们就知道从哪些方面着手来教育这些孩子。我们还应该教育孩子不要因为别人考试成绩不好或做错了事就瞧不起别人，否则，就会使孩子产生自卑情结，从而剥夺他们的勇气。

教师的神圣职责

当一个孩子对未来失去信心时，他就会退出现实生活，进而追求生活中无意义的一面作为补偿。教师最重要的任务或者说神圣的职责是，要确保不要让孩子在学校里失去勇气，同时，要保证那些进校时已经丧失勇气的孩子在学校和老师的帮助下重拾信心。这与教育者的职业密切相关，只有当孩子对未来充满希望和喜悦时，教育才成为可能。

还有一种暂时失去勇气的情形，这种情形往往发生在那些雄心勃勃的孩子身上。尽管他们取得了进步，但当他们在通过最后一次考试、面临职业的选择时，有时也会失去信心和希望。有些雄心勃勃的孩子因为没有在考试中名列前茅，也会在一段时间内放弃努力。此时，潜意识中酝酿已久的内心冲突会在突然间爆发。他们会不知所措，或陷入深深的焦虑中。这些孩子的沮丧如果不能得到及时的制止，那么，他们今后做事就会半途而废。当他们长大后，会频繁地变换工作，因为他们总是害怕失败，不相信事情会有好的结果。

儿童的自我评价具有重要意义，然而，通过询问不可能发现他们的真实想法。无论我们运用多少策略，都无法得到明确的答案。有些孩子觉得自己很不错，有的孩子则认为自己一无是处。对后者的调查发现，在他们的生活中，身边的成年人曾经无数次地对他们说过“你一无是处！”或“你是个笨蛋！”

遭受过如此严厉责骂的孩子都会受到深深的伤害，无一例外。有些孩子只能通过低估自己的能力来保护自我。

虽然我们不能通过询问的方式了解孩子对自己的判断，但是我们可以通过观察他解决问题的方式来了解他们对自己的判断。例如，他是以自信、坚定的态度解决问题，还是在问题面前表现得犹豫不决。丧失信心的孩子往往会表现得犹豫不决。一个案例可以说明这一点。有一个孩子在任务面前，开始是信心十足，勇往直前，但当他接近任务时，就变得慢吞吞的，裹足不前。在离任务还有一段距离时，索性止步不前了。这种情况有时候被认为是懒惰，有时候被认为是心不在焉。虽然描述不一样，但实质是一样的。这些孩子不像正常人那样去解决问题，他们满脑子想的都是遇到的困难。有时候他们成功地蒙骗了大人，使大人相信他们缺乏能力。但当我们审视整体画面，并用个体心理学的原理加以解释和说明时，我们就会发现这些孩子所有的问题都是因为缺乏自信，即低估自己。

当我们思考偏离正确方向追求优越感这个问题时，我们要记住，一个完全以自我为中心的人是社会生活中的怪物。人们经常看到过于追求优越感的孩子从不考虑其他人。这些孩子敌视他人、违反法律、贪婪无度、自私自利。当他们发现了其他人的某个秘密，就用它来伤害别人。

人类的归属感

即使在那些行为最令人谴责的孩子身上，我们还是能发现一种明显的人性特征，即他们有一种人类的归属感。他们的自我与外界的关系表现为：他们的生活规划越是远离与他人的合作，就越难发现他们的社会情感。我们必须发现儿童用各种形式隐藏自己的自卑感，例如，孩子的一个眼神。眼睛不仅是吸收光线、引导人们行动的器官，更是人们进行社会交际的器官。一个人打量另一个人的方式反映了他与人交往的程度。这就是为什么心理学家和作家非常重视分析一个人的眼神。我们所有人都可以通过其他人的眼神来判断他对我们的看法，我们还可以从他的眼神中发掘出他灵魂的一部分。尽管有可能会出现错误或曲解，但还是能轻而易举地通过观察一个孩子的眼神来判断他对人是否友善。

众所周知，那些不敢直视大人的孩子令人生疑，尽管他们不都是道德败坏或有不正当行为。他们回避、躲闪的眼神只不过表明他们试图避免与其他人发生联系，哪怕是暂时性的；表明他们试图退出伙伴的群体。当你召唤一个孩子过来，他离你距离的远近也能说明问题。许多孩子会与你保持一定的距离，他们先要弄明白是怎么一回事，如果有必要，他们才会靠近。他们对亲密接触心生疑虑，因为他们以前有过不好的体验，他们泛化了自己片面的认识，并滥用了这种认识。有些孩子有倚靠的习惯，观察他们倚靠在妈妈或老师身上也是一件有趣的事。孩子愿意亲近的人与他宣称最爱的人相比，前者对孩子来说要重要得多。

自卑情结的表现

有些孩子走路时昂首挺胸的姿态、坚定的声音和无所畏惧的气概都流露出他们的自信和勇气。另一些孩子在别人跟他们说话时缩头缩脑，这立即暴露了他们的自卑感，暴露了他们无力应对局面的恐惧感。

许多人认为自卑情结是与生俱来的，但是不论多么勇敢的孩子都会变得胆小懦弱，这个发现足以驳斥以上观点。父母胆小，孩子也可能胆小，不是因为他遗传了父母的胆怯，而是因为他在一个充斥着恐惧的氛围中长大。家庭的氛围、父母的性格特征对孩子的发展至关重要。那些在学校里沉浸在自己世界中的孩子多半来自那些很少与其他人发生联系的家庭。人们自然会想到是遗传使然，这是一个具有轰动性的理论。器官或大脑的生理变化不会使人丧失与他人接触的能力。然而事实表明，器官和大脑的生理变化虽然不至于让孩子形成不愿与人接触的态度，但有助于我们理解这种独特的性格。

生来有器官缺陷的孩子最有助于我们从理论上理解这种情形。这些孩子生病已有一段时间，饱受病痛和身体虚弱的折磨。他们沉溺于自己的世界中，认为外部世界冷漠、充满敌意。此外，一个虚弱的孩子必须依赖一个全身心照顾他的人，为他减轻生活的负担，这是另一个不利因素。正是这种全身心的投入和过度保护的态度使孩子产生了强烈的自卑感。所有儿童因为在高矮和力量上与成年人之间存在着差异，因此会产生相对的自卑感。当他们被告知“孩子应该被看到，而不是被听到”时，“处于劣势”的感觉更容易得到强化。

所有这些印象都使儿童敏锐地感知到自己处于弱势地位。当他意识到自己比别人矮小，不如别人有力量，就发现很难与自己达成和解。比别人既小又弱的想法越刺激他，他就越努力地去超过别人。这为他追求其他人的认可又增添了一份额外的动力。他不努力去安排自己的生活，使之与周围环境和谐一致，而是发明了一个新的行事准则，“只为自己着想”。不与他人交往的孩子就属于这一类。

可以说，绝大多数体弱、残疾和丑陋的孩子都有强烈的自卑感，这种自卑感有两种极端的表现。当人们和他们说话时，他们要么胆怯退缩，要么咄咄逼人。这两种行为看起来风马牛不相及，但实质上出于同样的原因。这些孩子在追求其他人的认可时，时而沉默寡言，时而絮絮叨叨。他们对生活无所追求，对社会无以回报，因此，他们的社会情感不起任何作用或只服务于个人目的。他们想要成为领导者或英雄，永远处在聚光灯下。

当一个孩子多年来一直沿着错误的方向发展，我们不可能指望一次谈话就能改变他的行为方式。教育者必须要有耐心。在孩子取得一些进步，偶尔又故态重萌时，要向他解释，进步不是一蹴而就的。这会使他安心，不至于丧失信心。如果一个孩子两年来数学成绩一直很差，不可能用两周的时间就把成绩补上去，但终究孩子是可以赶上去的，这一点不容置疑。一个正常的孩子，即一个有勇气的孩子能够弥补一切。我们一次又一次地看到，能力欠缺是由于儿童沿着错误的方向发展，是由他们不正常、笨拙和粗俗的整体人格导致的。人们总是有可能帮助有行为问题，而不是弱智的儿童。

儿童能力欠缺，或表面上的愚蠢、笨拙、冷漠并不能充分证明他们就是弱智。弱智儿童大脑发育不正常总是伴随着身体上的缺陷。身体的缺陷也是由影响大脑发育的腺体引起的。有时候身体的缺陷会随着时间的流逝而消失，但身体缺陷会在孩子的心理上留下痕迹。也就是说，一个原本身体虚弱的孩子，即使在他的体质变得强壮之后，仍然会表现得十分虚弱。

我们要进一步探讨这个问题。心理上的自卑和以自我为中心的态度不仅产生于器官缺陷和身体虚弱，而且还产生于与器官缺陷毫不相关的外部环境。它们可能产生于错误的教养方式，或缺乏爱的、严苛的家教。在这种情况下，孩子的生活会变得非常悲惨，因此他们对周围环境充满敌意。这与器官缺陷导致的心理问题非常相似。

我们预料到很难对待那些在缺失爱的环境下长大的孩子。他们用看待伤害过他们的人的方式来看待所有的人；每一次敦促他们上学都被理解为对他们进行压迫。他们总觉得自己被束缚，一旦有机会就反抗。他们不能用正确的态度对待自己的伙伴，因为他们嫉妒那些拥有幸福童年的孩子。

这些心怀怨恨的孩子通常会形成想要破坏别人生活的性格特征。他们没有勇气克服环境中的困难，因此他们试图通过欺凌弱小，或通过对弱势群体表现出表面上的友善来补偿自己的无力感。然而，只有当别人心甘情愿被他们支配，他们的友善态度才能维持下去。许多孩子只与那些处境不如自己的孩子交朋友，就像有些成年人只与遭受过不幸的人交往一样；或者他们只与那些比他们年幼的、比他们穷的孩子交往。这一类男孩有时候喜欢特别温顺的女孩，但这种喜爱没有性的成分。

第五章
如何防止儿童产生自卑情结

孩子与生俱来的潜能并不十分重要，
成年人对孩子的处境的判断也不重要，
重要的是我们要以儿童的视角来看待他的处境，
以他的错误判断来理解他的处境。

决定孩子发展的要素

当一个孩子花了很长时间学会走路，但一旦学会了就能正常走路，他不会因此产生自卑情结。但我们知道，一个心理发展正常的孩子总会受到行动不便的强烈影响。他会因自己的处境而感到闷闷不乐，并由此得出悲观的结论。即使在他身体功能缺陷消失后，这个悲观的结论还会影响他将来的行动。许多儿童得过佝偻病，尽管已经治愈，但仍然会留下一些后遗症的痕迹，如：罗圈腿、笨拙不堪、肺粘膜炎、头部畸形、脊椎弯曲、脚踝肿大、关节无力、姿势不良等。这些孩子生病时在精神上形成的挫败感和悲观倾向也被保留下来。当他们看到小伙伴们行动自如，就会被自卑感所压抑。他们低估自己的能力，要么对自己完全失去信心、不思进取，要么不顾身体残疾，以破釜沉舟的决心，努力赶上比自己幸运的同伴。显然，他们没有足够的智力对自己的处境做出正确的判断。

决定一个孩子发展的要素既不是他的内在能力，也不是外在的环境，而是他对外部现实以及他与外部现实之间关系的诠释，认识到这一点非常重要。孩子与生俱来的潜能并不十分重要，成年人对孩子处境的判断也不重要，重要的是我们要以儿童的视角来看待他的处境，以他的错误判断来理解他的处境。我们不能根据成年人的常识来假设儿童的行为都是符合逻辑的，我们要认识到孩子在理解自己的处境时会犯错误。我们要记住，如果孩子不犯错误，那么教育就失去了意义。如果认为孩子犯错误是内在的、天生的倾向，那么，我们就不可能教育他、使他得到改进。因此，那些相信内在性格特征的人不能，也不应该从事儿童教育工作。

人们总能在健康的体魄里发现健康的心智，这种观点是不对的。当一个生病的孩子不顾身体缺陷、勇敢地面对生活时，我们发现在他残弱的身躯里有一个健康的心智。另一方面，如果一个身体健康的孩子经历了生活的磨难后，对自己的能力形成了错误的认知，那么他就不会有健康的心理。任何失败都会使孩子认为自己缺乏能力，因为这些孩子对困难异常敏感，把每一个障碍都看作是自己缺乏能力的证明。

有些孩子除了在运动技能方面存在一定的障碍之外，也存在一定的语言障碍。学说话往往伴随着学走路。虽然两项技能之间没有一定的关联，但都取决于儿童教养与家庭氛围。如果不是家人的忽视，有些孩子不应该不会说话。很明显，那些听力正常、语言器官发育正常的孩子应该很早就学会了说话。在有些情况下，尤其是视觉发育非常发达的孩子，说话会延迟。在另外一些情况下，父母溺爱孩子，替他们代言一切，而不是让他们学会表达自己的方式。这些孩子要花很长的时间才能学会说话，有时候我们会认为他们听力有问题。当他们最终学会说话后，他们对说话的兴趣如此强烈，以至于日后成为演说家。作曲家舒曼的妻子克拉拉4岁时还不会说话，直到8岁时话也不多。她是一个古怪、内向的孩子，喜欢呆在厨房里。我们可以推断，没有人去打扰她。她的父亲说："古怪的是，这个明显不和谐的心理却是她充满精彩和谐生活的开端。"克拉拉·舒曼就是一个过度补偿的例子。

人们一定要注意，应该让聋哑儿童接受特殊教育，因为完全耳聋的例子并不多。不论一个孩子的听力有多大的缺陷，都应该最大限度地培养他听的能力。罗茨托克的卡茨教授曾证明，他能够将那些被视为乐盲的孩子训练为能充分欣赏音乐和声音之美的人。

有些功课非常好的孩子常常会惨败在某一个科目上，如数学。这让人们怀疑他们有轻微的弱智。算术不好的孩子可能以前被这门课吓住了，因此没有勇气去应付它。有些家庭，特别是艺术家家庭，常常自夸自己不懂得如何计算，并因此感到自豪。另外，人们普遍认为男孩比女孩更擅长学数学的想法也是错误的，有许多妇女成为优秀的数学家和统计学专家。当女生们经常听到"男孩比女孩更会计算"这句话时，就会对数学丧失信心。

但一个孩子是否会运用数字是一个重要的指标。数学是少数几个能给人类带来安全感的学科之一。数学是人们用数字进行的思维运算，它为混乱嘈杂的世界带来稳定感。有强烈不安全感的人通常不擅长计算。

其他的科目也是如此。写作将人们内在意识感知到的声音固定在纸上，从而给写作者带来安全感。绘画使瞬间的影像变为永恒。体操和舞蹈通过对身体的控制，使人们获得身体上的安全感，尤其是精神上的安全感。也许这就是有如此多的教育者坚决拥护体育运动的原因吧。

15个问题

自卑的儿童很难学会游泳。一个孩子能快速地学会游泳是一个好兆头，说明他也能克服其他困难。很难学会游泳的孩子通常对自己缺乏信心，也对游泳教练缺乏信心。值得注意的是，许多儿童开始觉得学游泳很难，后来却成为优秀的游泳健将。这些孩子虽然对当初的困难很敏感，但一旦学会了游泳，便受到鼓舞和激励，进而不断追求完美，最终成为游泳冠军。

第1个问题是了解一个孩子是特别依赖某一个人还是对许多人感兴趣，这一点很重要。孩子通常与母亲的关系最为密切，或者与家里的另一个人关系密切。每一个儿童都有能力与他人建立起密切的关系，除非他有智力上的缺陷。当一个孩子由母亲带大，但却与另一个人关系密切，那么，挖掘其中的原因很重要。显然，孩子不可能将所有的情感和注意力都集中自己的母亲身上，因为母亲最重要的作用是将孩子的兴趣和信心转向他的同伴。祖父母在儿童的发展中也扮演了一个重要的角色，通常是溺爱的角色。原因是老年人害怕自己不再被需要，因而产生强烈的自卑感，要么指手画脚，要么心肠太软。性情温和的老人，为了使自己在孩子面前显得很重要，对孩子提出的要求向来是来者不拒。去祖父母家探望的孩子往往被宠坏，以至于他们不愿回到自己纪律严明的家中。他们一回家，就抱怨自己的家不如祖父母的家舒适。我们在这里提到祖父母在孩子生活中扮演的角色，是提醒教育者在调查研究某些特殊孩子的生活方式时，不要忽略这个重要的事实。

第2个问题是由佝偻病引起的行动笨拙，经过长时间还没有得到改善，通常是因为孩子得到太多的照顾，被宠坏了。母亲应该有足够的智慧，不要去扼杀孩子的独立性，即使在他生病和需要特殊照顾时，也不应该让孩子失去独立性。

第3个问题是孩子是否制造了太多的麻烦，这个问题很重要。我们可以肯定这种情况是因为母亲过于溺爱孩子，没有成功地培养孩子的独立性造成的。孩子制造麻烦通常表现在睡觉、起床、吃饭、洗漱等方面，也表现在做噩梦和尿床的时候。所有这些表现都是为了得到某一个人的关注。他不断地制造麻烦，似乎发现了一个又一个控制大人的武器。我们可以确定，面对孩子的种种表现时，他身边的大人一定对他束手无策。惩罚对这些孩子来说毫无用处。他们通过嘲弄父母、迫使父母惩罚自己的方式向父母表明，惩罚不起作用。

儿童的智力发展尤其重要。要正确回答这个问题还有一定的难度，建议人们使用比奈–西蒙量表，然而，该量表的测试结果并不总是可靠的。所有其他的智力测试也是如此，测试结果不能被当作孩子终生不变的智力常量。一般来说，孩子的智力发展在很大程度上取决于家庭环境。条件好的家庭能够给孩子提供帮助，身体发育较好的孩子通常也会获得较好的心理发展。不幸的是，那些心理发展顺利的孩子往往被预设从事一些精细和较好的工作，而那些发展迟缓的孩子往往被预设从事一些不体面的工作。我们观察到许多国家引进新的教育制度，为差生开设特殊班，其中绝大多数孩子来自贫困家庭。我们可得出这样的结论，如果为贫困儿童创造一个更加有利的环境，那么，他们无疑能成功地与那些有幸出生在物质条件较好家庭的孩子一决高下。

第4个问题是孩子是否成为被人取笑的对象，或因被人取笑而灰心丧气。有些孩子可以忍受别人的嘲笑，而另一些孩子则因此失去信心，回避有难度、有益的任务，将注意力转向表面形象。这是孩子对自己丧失信心的表现。如果一个孩子总是不断地与其他人争吵，害怕如果自己不主动出击，就会受到别人的攻击，那么，我们就会发现他对环境充满敌意。这种孩子桀骜不驯，他们认为顺服就意味着屈从。他们认为彬彬有礼地回应他人问候很丢脸，因此他们往往傲慢无礼地应答。他们从不抱怨，因为他们把别人的同情视作对自己的羞辱。他们从不在别人面前哭泣，本该哭泣的时候却哈哈大笑，给人一种缺乏情感的印象，事实上，这是一种害怕表现软弱的标志。任何残忍的行径都离不开暗藏的软弱。内心强大的人是不会对残忍感兴趣的。这些不顺从的孩子经常是一副脏兮兮、漫不经心的样子。他们咬指甲、挖鼻子，表现得十分倔强。他们需要得到鼓励，并且要让他们明白，他们的行为只不过是害怕流露软弱的表现而已。

第5个问题是孩子是否容易与人交朋友，是领导者还是追随者。这和他与人交往的能力有关，也就是说，与他的社会情感或气馁的程度有关，也与他遵从或支配他人的愿望有关。当某个孩子将自己与其他人隔绝开来，说明他缺乏与其他人竞争的信心。他对优越感的追求如此强烈，以至于害怕自己的人格淹没在群体中。喜欢收集物品的孩子表明他们希望自己变得强大起来并超越其他人。这个习惯很危险，因为一旦过了头，就很容易发展为过度的野心和贪婪。这实际上是一种在寻找某个支撑点的软弱感。这种孩子很容易发展为小偷小摸，因为他们认为自己被忽视了，因为他们更能强烈地感受到人们关注的缺乏。

第6个问题涉及儿童对学校的态度。我们必须注意到他上学是否拖沓、是否情绪激动（这种激动通常是勉强的表现）。儿童对不同情境的恐惧会以不同的方式表现出来。当他们要写作业时，就变得心跳加快，焦躁不安。还有一类特殊的孩子，他们会产生器官性变化，如性兴奋。给孩子打分并不总是一件值得称道的事情。如果不是按分数对学生进行分类的话，他们就会如释重负。学校变成了一个不断进行考试或测试的场所，孩子不断地追求好分数，因为坏分数如同老师给学生宣布的一个终审判决。

孩子是愿意做家庭作业还是被迫去做家庭作业？忘记做家庭作业表明他有逃避责任的倾向。功课不好或对功课表现出不耐烦有时是孩子用来逃避上学的手段，因为他们更想做别的事情。

孩子懒惰吗？当一个孩子学习不好时，他宁愿被其他人认为是懒惰，而不是无能。当一个懒惰的孩子做好某件事情得到赞扬时，他听到人们说："如果不懒惰的话，他能做很多事情。"孩子对这种评论感到心满意足，因为他认为他毋须再去证明自己有能力。还有那些缺乏勇气、懒散，不能集中注意力，喜欢依赖他人的孩子也属于这种类型；属于这种类型的还有那些上课捣乱以吸引其他人注意、被宠坏的孩子。

孩子对老师是什么态度？这是一个不容易回答的问题。孩子们通常向老师隐藏自己的真实情感。如果一个孩子总是批评同学，并试图羞辱他们，那么，我们就可以断定这种贬损他人的倾向是一种缺乏自信的表现。这些孩子傲慢无礼，吹毛求疵，总以为自己比别人知道得多。这种态度实际上掩盖了他们的软弱无能。

最难对付的是那些无动于衷、感情冷漠和消极被动的孩子。其实，他们也戴着面具，因为他们并不是真的不在乎。当他们一旦失控，他们的反应要么是勃然大怒，要么是试图自杀。他们只做被命令必须做的事情。他们害怕挫折，总是过高地评估他人。这些孩子需要鼓励。

在体育运动或体操方面信心十足的孩子也想在其他方面展现自己的才能，只不过他们害怕遭受失败罢了。阅读超过正常量的孩子通常也缺乏勇气和信心，他们想通过阅读获得力量。这些孩子有丰富的想象力，但是在现实面前却胆怯懦弱。观察孩子阅读什么样的书籍也很重要，是小说、童话故事、传记、游记还是客观的科学读物。青春期的孩子很容易迷上色情读物。不幸的是每一个大城市都有销售色情读物的书店。日益增强的性驱力和对性体验的渴望把他们的注意力引向这个方面。为了阻止有害的影响，人们可以采取以下手段：让孩子做好成为好同胞、好公民的准备，在早期明确性别角色，与父母建立友好的关系。

第7个问题涉及家庭条件，即家庭成员是否患有疾病，如酗酒、神经病、肺结核、梅毒、癫痫等。全面了解孩子的身体状况也很重要。用嘴巴呼吸的孩子，表情都是傻傻的，这是扁桃体肥大影响了正常呼吸所导致的。在这种情况下，有必要做切除手术。手术能够帮助他解决问题，能够解决问题的信念让孩子在手术痊愈后能鼓起更大的勇气应对学业上的困难。

家庭成员身患疾病常常会阻碍孩子的发展。父母长期患病会给孩子带来沉重的负担，精神或心理疾病会让全家人感到压抑。如果可能的话，尽量不要让孩子知道家庭中某一个成员患有精神病。精神病会给整个家庭蒙上一层阴影，因为人们迷信地认为精神病会遗传给孩子。许多其他疾病，如肺结核和癌症也是如此。这些疾病会对孩子的心理造成可怕的影响，有时让孩子脱离这种家庭氛围对他们会更好一些。家庭成员中长期酗酒或有犯罪倾向，这两者像毒品一样侵蚀着孩子，孩子很难抵御这种侵害。然而，如何妥善安置这些孩子也有一定的难度。癫痫病人通常急躁、易怒，会影响家庭的和谐。梅毒的情况最糟糕。梅毒患者的孩子通常非常虚弱，也会染上梅毒。他们如此不幸，以至于无力应对今后的生活。

我们不能忽视这样一个事实，即家庭的物质条件也会影响孩子的生活观。相对于较好的生活环境，贫困往往使孩子产生一种匮乏感。家里的经济条件一旦滑坡，小康之家的孩子很难适应失去往日舒适的生活。如果祖父母的条件比父母的条件好，那么给孩子带来的紧张感尤为强烈。例如，彼得·根特总是难以摆脱祖父权势显赫、父亲却一事无成的困扰。这样的孩子通常会变得非常勤奋，以此抗议自己懒惰的父亲。

第一次面对突如其来的死亡会给孩子带来终生震撼。对死亡毫无准备的孩子被突然带到死亡面前，使他第一次认识到生命有终结，这会让他彻底失去信心和勇气，或至少会让他变得异常胆怯。在医生的传记里，我们经常发现他们选择当医生是因为有曾经突然面对死亡的经历，这表明孩子对死亡的认识是多么深刻地影响了他对职业的选择。因此，不要让孩子过早地背负这个负担，因为他们还不能完全理解死亡这个问题。孤儿或继子女常常将自己的不幸归结为父母的死亡。

了解谁在家里说了算也很重要。一般情况下，都是父亲当家作主，在家里说了算。如果是母亲或继母在家里作主，那么会产生不良的后果，父亲会失去孩子对他的尊重。如果母亲很强势，那么儿子就会对女人有一种挥之不去的畏惧。在这种家庭里长大的男孩今后要么回避女人，要么让自家的女人生活得不愉快。

我们有必要进一步了解孩子的教养是严厉型还是温和型。个体心理学认为儿童教养既不能太严厉，也不能太温和。我们要理解孩子，避免他们犯错误，不断鼓励他们要有面对问题和解决问题的勇气，并培养他们的社会情感。唠叨的父母会伤害孩子，因为他们使孩子对自己完全失去信心。溺爱教育使孩子产生依赖他人的态度，形成依附于某一个人的倾向。父母既要避免为孩子描绘出一幅幅玫瑰色的画面，也要避免用悲观的言词来描述现实世界。父母的任务是让孩子尽可能为生活做好准备，能照顾好自己。如果孩子没有学会如何面对困难，就会逃避每一个艰难困苦，从而使自己的生活圈子变得越来越狭小。

知道谁在看管孩子很重要。母亲不必时时刻刻跟孩子在一起，但是她必须知道谁在看管她孩子。教育孩子最好的方式是让他们在合理范围内通过经验进行学习，这样，他们的行为就不会受到他人约束的影响，而是受事实自身逻辑的影响。

第8个问题涉及孩子在家庭中所处的位置。孩子在家庭中的位置对他们性格的发展产生重要的影响。独生子女的情况比较特殊；家里最小的孩子、有姐姐妹妹的男孩和有哥哥弟弟的女孩情况都比较特殊。

第9个问题关于职业的选择。这个问题很重要，因为它显示了环境的影响、孩子的勇气和社会情感的强度以及他们的生活节奏。白日梦（第10个问题）和儿童早期记忆（第11个问题）也很重要。那些学会解析孩子童年记忆的人常常能从中挖掘出孩子的整个生活风格。梦也能显示出孩子的发展方向，显示出他是试图解决问题还是回避问题。了解孩子是否有语言障碍很重要（第12个问题）；了解他们是长得丑还是长得漂亮、身材好还是不好也很重要（第13个问题）。

第14个问题是孩子是否公开谈论自己的情况？有些孩子喜欢吹牛，以此来补偿自卑感。有些孩子拒绝谈论自己，担心被别人利用，或担心如果别人知道了自己的弱点，会给他们造成新的伤害。

第15个问题是，如果一个孩子的某一科目的成绩很好，如绘画或音乐，那么我们要在这个基础上鼓励他们去提升其他科目的成绩。

长到15岁的孩子如果还不知道今后要成为什么样的人，那么在我们看来，他们已经完全丧失了信心。我们要给他们相应的帮助。此外，还要考虑家庭成员的职业以及兄弟姐妹之间社会地位的差异。父母不幸福的婚姻也会给儿童发展带来危害。因此，教师要谨小慎微，要全面了解孩子和他的成长环境，利用问卷收集的信息来对他们进行矫正，使他们的情况得到改善。

第六章
社会情感及其发展障碍

儿童身体上的不成熟使教育成为必然，
教育的目的是依赖群体克服儿童的不成熟，教育必须具有社会性。

人类的社会情感

相对于前面章节谈到的追求优越感的案例，我们发现许多儿童和成年人都有一种把自己与他人发生联系、与他人合作共同完成任务并使自己成为对社会有用之人的愿望。这种表现叫作社会情感。社会情感的根源是什么？这个话题颇具争议性。不过，作者发现迄今为止，社会现象与人的概念具有不可分割的联系。

人们也许会问，社会情感这种心理情绪为什么比对优越感的追求更接近我们的天性？答案是两者拥有一个共同的核心，即个体对至高无上的追求和社会情感建立在人的本性的基础上，两者都表达了对认可的内在渴望。它们的表现形式不同，不同的表现形式涉及对人性不同的判断。追求优越感涉及的判断是个体可以不依赖群体，而社会情感涉及的判断是个体在一定程度上依赖于群体。就人性而言，社会情感无疑要高于个体对优越感的追求。前者代表一种更为合理、更富逻辑性的基本观点，而后者只是一种表面的、肤浅的观点，它只是出现在个体的生活中。

如果想知道社会情感为什么具有真理性和逻辑性，我们只要从历史的角度对人进行考察，就会发现人总是以群居的方式生存的。这个事实并不令我们感到吃惊。那些不能保护自己的生物，出于自我保护，总是被迫群居在一起。我们只要把人与狮子进行比较就知道，人作为动物的一个种类其实很不安全。其他个头跟人大小相当的动物更加强壮，大自然赋予了它们更好的攻击和防御装备。例如，大猩猩力大无比，只与配偶生活在一起，而弱小一些的猿则群居在一起。达尔文曾经指出，群体的形成代替或补偿了大自然拒绝赋予单个动物的尖牙、利爪和翅膀等。

群体的形成不仅平衡了某些动物作为个体所欠缺的本领，也引导它们发现自我保护的方法，从而改善自己的生存处境。例如，有些猴群知道派出先遣部队去侦察是否有敌人。它们通过这种方式将集体的力量汇集起来，以弥补群体中每一个个体的不足。我们发现水牛也是如此，它们聚集在一起，成功地抵御了更强大敌人的进攻。

对此有研究的动物社会学家也指出，这些群体有类似法律法规的组织安排。侦察员必须遵守一定的规则，它们所犯的每一个错误或违规都会招致整个兽群对它们的惩罚。

有趣的是，许多历史学家认为人类最古老的法律涉及部落的守望者。如果是这样的话，我们就会发现群体观念源于弱小动物不能自我保护的事实。在某种意义上，社会情感总是对体力虚弱的反应，与体力有着不可分割的联系。因此，就人类而言，培养社会情感最重要的阶段是幼儿和儿童时期，因为此时他们最无助，并且成长缓慢。

在整个动物王国中，我们发现只有人类来到这个世界时是那么地无助。并且，人类的后代达到成熟所需要的时间最长。这不是因为儿童在长大成人之前有无数的东西要学习，而是因为他们成长的方式。由于有机体的要求，儿童需要父母保护的时间更长一些。如果不为孩子提供保护，人类就会灭绝。儿童身体的脆弱期是连接教育和社会情感的时机。儿童身体上的不成熟使教育成为必然，教育的目的是依赖群体克服儿童的不成熟，教育必须具有社会性。

在所有的教育规则和教育方法中，我们必须要有群体生活和社会适应的思想。不管我们是否意识到，那些有益于社会的行为总是给我们留下了美好的印象，而那些对社会不利或有害的行为则给我们留下不好的印象。

我们观察到的教育错误之所以被判断为错误，是因为它们给社会造成了有害的影响。任何伟大的成就，包括人的能力发展都是在社会生活的压力下朝着社会情感的方向完成的。

让我们以语言为例。一个独居的人是不需要语言的。人类语言的发展无可争辩地证明了群体生活的必要性。语言是人与人之间的纽带，也是人类共同生活的产物。只有从社会思想的角度出发，才能理解语言心理。独居的人对语言不感兴趣。如果一个孩子没有广泛地参与社会生活，在隔离的状态中长大，那么，他的语言能力发展就会很迟缓。所谓的语言天赋是某一个体与他人发生联系时才能获得和提高的语言能力。

人们普遍认为善于表达自己的儿童更有天赋，其实不然。有语言障碍或与别人有交流障碍的儿童通常缺乏强烈的社会情感。没有学会说话的孩子常常是那些被宠坏了的孩子，因为在他们表达自己的愿望之前，他们的母亲已经替他们包办一切了。这样一来，他们就失去了与他人接触的机会，也失去了培养自己适应社会能力的机会，因为他们没有说话的需求了。

有些孩子不愿意开口说话，因为他们的父母从来不让他们说完一句完整的话，从来不让他们自己回答问题。有些孩子一直被人嘲笑而丧失了说话的勇气。对孩子说话不断地进行纠正和唠叨是儿童教育中普遍存在的不良习惯。由此产生的可怕的后果是孩子觉得自己低人一等，会长年累月地背负一种自卑感。有些人在开口说话时，我们会注意到他们模式化的语句："但是，请不要取笑我！"我们经常听到这样的表述，能立即判断出他们在孩提时常常被人嘲笑。

有这样一个例子：一个孩子既能说，也能听，但他的父母是聋哑人。每次受伤时，他总是无声地哭泣。他认为有必要让父母看到自己的痛苦，而不是听到他的痛苦。

如果没有社会情感，人类其他能力的发展是不可想象的，如理解力和逻辑感。一个与世隔绝的人不需要逻辑，或者说他的需求不会大于动物的需求。另一方面，常常与人交往的人必须使用语言、逻辑和常识，必须发展和获得社会情感。这是逻辑思考的最终目的。

有些人的行为有时候看起来很愚蠢，但从他们个人的目的来看却可以理解。这常常发生在那些自以为是、认为其他人的想法都应该跟他们的想法一致的人身上，这表明社会情感和常识在行为判断上是多么重要（如果社会生活不是如此复杂，不会给个体带来如此错综复杂的问题，就没有必要培养人们的常识了）。我们完全可以想象原始人之所以停留在原始阶段，是因为他们相对简单的生存方式没有刺激他们进行深入的思考。

社会情感在人类语言和逻辑思维发展中发挥着重要的作用。语言能力和思维能力被视为人类神圣的能力。如果每一个人都无视自己的生活群体，使用各自的语言，那么就会产生混乱。社会情感为每一个个体带来安全感，并成为他生活的主要支撑。这种安全感不完全等同于逻辑思考和真理给予我们的信心，但它是这种信心显著的组成部分。现举例予以说明。为什么算术和计算被所有人接受？为什么只有用数字表达的事物，我们才认为它是精确的？原因是数字运算可以容易地传递给我们的同伴，同时，数字运算也更容易被理解。我们对于那些不能与其他人交流和分享的真理不抱有太大的信心。柏拉图曾试图用数字和数学来建构所有的哲学，无疑也是这个思路。从柏拉图让哲学家回到“洞穴”参与同伴生活的事实中，我们更清晰地看到柏拉图哲学与社会情感之间的关系。柏拉图认为，如果没有源于社会情感的安全感，即使是哲学家也不能正常地生活。

如果儿童缺乏安全感的积累，当他们与其他人接触或当他们独自完成一些任务时，尤其是面对要求客观、逻辑思维的科目，如数学时，会流露出他们欠缺安全感。

童年时期的环境影响

人类在童年时期形成的观念（例如道德感、伦理等）通常表现得比较片面。对于那些离群索居的人来说，道德是不可思议的。当我们想到集体、想到他人的权利时，道德才存在。在审美和艺术创作方面，要证实这个观点有些困难。然而即使在艺术领域，我们也能感受到一种大体一致的印象，即艺术植根于对健康、力量和正确的社会发展的理解。艺术的边界有一定的弹性，允许有更多的个人趣味空间。但总的来说，即使是审美也要遵循社会路线。

我们如何确定儿童社会情感发展的程度呢？当这个实际问题摆在我们面前时，答案是要观察他特定的行为表现。例如，有些孩子为了追求优越感，处处表现自己，从不考虑他人，我们就可以确定，与那些不爱表现自己的孩子相比，他们更缺乏社会情感。在现代文明中，很难想象有不愿意追求卓越的孩子。正因为如此，儿童的社会情感通常没有得到充分的发展。这种只顾自己、不管他人的自私天性一直为人类批评家和古今中外的道德家所诟病。他们的批判常常以说教的形式出现。说教对儿童和成人不起任何作用，因为仅凭道德格言很难取得什么效果；每个人都在想，“其他人比我好不到哪里去”。

当我们对付那些思想混乱，以至于形成有害或犯罪倾向的孩子时，我们必须认识到道德说教不起任何作用。在这种情况下，我们要深挖根源，将他们内心中有害的念头连根拔掉。也就是说，我们要放弃法官的角色，以同伴或医生的角色取而代之。

如果我们不断地告诉一个孩子，说他是一个坏孩子、一个愚蠢的孩子，那么很快他就会相信我们说的话，就不会有足够的勇气去解决面临的一切任务。接下来发生的是，他无论做什么都会失败。认为自己愚蠢的想法在他的脑海里已经根深蒂固。他不明白是环境摧毁了自己的自信，却下意识地规划自己的生活来证明自己错误的判断是正确的。这个孩子感到自己的能力不及同伴，认为自己的能力和发展都受到限制和阻碍。他的态度明确无误地表明了他沮丧的心境，这种心境与不利的环境给他施加的压力有直接的关系。

个体心理学试图证明环境的影响可以从孩子犯的每一个错误中察觉到。例如，一个不爱整洁的孩子总是生活在帮他把东西收拾得井井有条的人的阴影中；喜欢撒谎的孩子总是受到一位强势的成年人的影响，这个成年人往往通过严厉的方式来解决他撒谎的毛病。我们甚至可以从孩子的吹牛中察觉环境对他的影响。这种孩子觉得表扬，而不是成功地完成某项任务，对他们来说是不可或缺的。在追求优越感的过程中，他不断地寻求家人的赞扬。

孩子在家庭中的位置

父母往往会忽视或误解每一个孩子在生活中的不同处境。一个家庭中的兄弟姐妹分别处于不同的处境。老大的处境很特殊，因为在一段时间里他是家里唯一的孩子。老二没有这种经历。老幺的经历并不是每一个孩子都体验过的，因为他是家里最小、最弱的孩子。家庭里孩子的处境各不相同。当两个兄弟或两个姐妹一起长大时，年龄较大、能力较强的孩子克服的困难是较小的孩子仍然需要面对的。相对来说，较小的孩子处于不利地位，他自己能感受到这一点。为了补偿自卑感，他会加倍努力，不断进取，以超越自己的哥哥或姐姐。

长时间研究儿童的个体心理学家通常能判断孩子在家里所处的位置。如果年龄大的孩子取得了正常的进步，那么，年龄较小的孩子就会投入更大的努力以追赶他的哥哥或姐姐。结果是，年龄较小的孩子通常会表现得更积极、更有进取心。如果年龄大的孩子比较虚弱，发展缓慢，那么，年龄小的孩子就不需要付出太大的努力与之竞争。

因此，确定一个孩子在家庭里的位置很重要，因为只有了解孩子在家里的地位，才能完全了解他。家庭中年龄最小的孩子身上都具有一些明显的特征，表明他们是家里的老幺。虽然有些例外，但一般来说，最小的孩子通常想超过其他人，他们从来都不安分，相信最终能超过其他所有的人，因此他们不断努力、不断进取。这样的观察对儿童教育很有意义，因为它影响了教育方法。不能对所有的孩子采用同样的方法，因为每一个孩子都是一个独特的个体。当我们按照一般的标准对孩子进行分类时，我们必须将每个孩子视作一个个体来对待。虽然在学校里很难做到这一点，但在家里却是可行的。

老幺的特征

老幺时时刻刻想突出自己。多数情况下，他们做到了这一点。关于出生顺序影响孩子发展的讨论非常重要，因为它大大削弱了心理特征具有遗传性的观念。如果不同家庭的老幺都如此相似，那么遗传说就更加难以令人置信了。

另一类老幺与上面描述的积极进取的老幺完全相反，他们完全丧失了信心，并极其懒惰。我们可以用心理学来解释他们表面上的巨大差异。如果一个孩子没有过度的想超越其他人的雄心，他就不会轻易地被困难所伤害。他的过度雄心使自己不快乐，一旦遇到不可逾越的障碍时，与那些追求目标不够远大的孩子相比，他会更加快速地退缩逃离。我们可以从一句拉丁谚语中看出这两个类型孩子的人格特征：“要么全有，要么全无。”

在《圣经》里，我们也能找到与我们经验十分吻合的对老幺的精彩描述，例如，约瑟、大卫、扫罗的故事。人们可能会提出异议，说约瑟有个弟弟叫便雅悯，但当便雅悯出生时，约瑟已经17岁了，因此当约瑟还是个孩子时，他是家里年龄最小的孩子。在现实生活中，我们经常发现老幺肩负起整个家庭的重担。我们不仅在《圣经》里找到了能佐证我们观点的例证，在神话中亦是如此。在德国、俄罗斯、斯堪的纳维亚或中国的神话中，老幺超越哥哥姐姐的例子比比皆是，他们总是征服者。这绝对不是巧合。原因可能是古代老幺的形象比当今老幺的形象更加突显。在古代，人们对老幺的形象作了很好的观察，因为在原始条件下，人们更容易做到这一点。

长子的特征

对于孩子形成的与其在家庭中地位相匹配的性格特征，还有更多的东西可以讨论。长子有许多共同的特征，我们可以把他们分为三个类型。

本书的作者长期以来研究这个问题，但是这个问题在他内心里并不是十分清晰，直到有一天他偶尔读到冯塔纳自传中的一段话。冯塔纳描述了他的父亲，一位法国移民，参加一场波兰对抗俄罗斯战争时的情形：当他的父亲看到1万波兰士兵击败5万俄罗斯士兵、致使他们仓皇逃窜时，感到非常高兴。冯塔纳无法理解父亲的喜悦。相反，他坚决反对5万俄罗斯士兵一定比1万波兰士兵强大的观点，“如果是这样，我一点都不会感到高兴，因为强者应该永远是强者”。读到这里，我们立刻会得出这样的结论：“冯塔纳是家里的长子。”只有长子才会说出这种话。他想起当他还是家里唯一的孩子时曾拥有的权利，而当他被一个比自己弱小的人赶下王位时，感到非常不公平。事实上，我们发现长子通常性格保守。他们信奉权利、信奉规则、信奉牢不可破的法律。他们不带丝毫歉意地全盘接受专制主义。他们对权力持肯定的态度，因为他们自己曾一度拥有这种权力。

正如我们所说的，长子中也有例外。我们在这里用一个案例予以说明。案例中的孩子一直以来被人忽视。自从他的妹妹出生后，他就开始扮演悲剧的角色。即使不提及事实本身，人们从那些已陷入困惑、对自己完全丧失信心的男孩的描述中得知，麻烦来自他们聪明的妹妹。这种情况频繁发生并不是偶然的，它有着合乎常理的解释。我们知道在现代文明中，人们认为男人比女人更重要。老大通常被溺爱，被父母寄予了极大的期望。在妹妹突然降生之前，他的处境一直十分有利。当妹妹闯入被宠坏了的哥哥的生活后，哥哥视她为讨厌的入侵者，并与之对抗。这种情形激励妹妹付出非同寻常的努力，如果不失败的话，这种激励将影响她的整个人生。妹妹的快速发展把哥哥吓坏了，在哥哥的眼里，男人优越的神话瞬间破灭。他开始变得迟疑、不确定。女孩在14到16岁期间的心理发展和生理发展都远远超过男孩，大自然就是这样安排的。于是，哥哥的不确定感最终变为彻底的失败。他迅速对自己失去信心、放弃抗争，并找出各种借口，或把困难置于自己的面前，以此作为停止努力的理由。

许多长子整天稀里糊涂、神经兮兮，他们莫名地懒惰、不可救药，只是因为他们内心不够强大，不敢与妹妹竞争。这些男孩有时对女性怀有不可理喻的憎恨。他们的命运是悲哀的，因为几乎没有人能理解他们的处境，并向他们解释问题产生的原因。有时候，男孩的情形变得异常糟糕，父母或其他家庭成员会抱怨道："为什么情况不是相反呢？为什么男孩不是女孩，女孩不是男孩呢？"

性别角色差异

独自生活在几个姐妹中的男孩也有这种性格特征。在这种多女一男的家庭里，要避免占主导地位的女性氛围是很困难的。这个唯一的男孩要么被所有的家庭成员宠爱，要么被所有的女人排斥。很自然，这些男孩与其他男孩的发展不一样，尽管他们的性格中还是有相同的成分。我们知道，男孩不应该专门由女性进行教育的观念很普遍。但是我们不能从字面上来理解这句话，因为所有的男孩最初都是由女性抚养的。它的真正含义是，男孩不能在仅有女性的环境中长大。这并不是反对女性，而是反对在这种环境中产生的误解。与男孩在一起长大的女孩也一样。男孩通常瞧不起女孩，那么，女孩就会模仿男孩，想与男孩一样，这会对她今后的生活产生不利的影响。

无论一个人多么宽容，他都不会加入到信奉教育女孩应该像教育男孩的行列中来。短时间内还可以这样，但时间一长不可避免的差异很快就会出现。由于不同的生理构造，男人在生活中扮演不同的角色。生理构造在职业选择中起到一定的作用。对女性角色不认同的女孩通常很难适应那些专为女性设置的职业。涉及到为婚姻做准备时，对女性角色的教育显然应该区别于男性角色的教育。对自己性别不满意的女孩往往反对婚姻，认为结婚是自我堕落。她们即使结婚，也要在婚姻中处于支配地位。那些像女孩一样被带大的男孩在适应现代文明中也会遭遇重重困难。

在考虑这些问题时，我们不能忘记一个孩子的生活方式在他4、5岁时就已经确定下来。在此期间，应该培养他的社会情感和必要的适应能力。在孩子5岁时，他对环境的态度已经确定下来并已机械化，会在今后的生活中保持大致相同的方向，对外在世界的感知保持不变。从此，他陷入了自我观念的圈套，不断重复最初的心理机制和行为。一个人的社会情感往往受他自身精神视野的限制。

第七章
儿童在家庭中的地位

如何将儿童培养成伟人是无法可循的。
但是，我们必须牢记，绝不能粗暴地对待儿童，
必须不断地鼓励他们，向他们解释现实生活的意义，
使他们不至于将幻想与现实世界分割开来。

早期环境的影响

我们知道，儿童的发展是基于他对自己在环境中所处位置做出的无意识解释。我们同样知道，老大、老二、老三的发展各不相同，分别与他们在家里所处的位置相关。这种早期环境被看作是测试儿童性格发展的场所。

儿童教育不能开始得太早。在孩子的成长过程中，他会形成一套规则或程式来规约自己的行为，并根据不同的情境决定自己的反应。孩子太小的时候，他用于指导未来行为的机制还没有明显的表征。随着年龄的增长，经过多年的训练，这时他的行为模式就固定下来。他的行为不再是对外部现实的客观反应，而是基于他对全部过往经验的无意识的解释。如果一个孩子对某一个情境或他是否有能力克服某一个困难做出错误的解释，那么，这个错误的判断就会支配和决定他的行为。如果这种最初的、儿时的错误看法没有得到矫正，那么，任何逻辑或常识都不会改变他成年以后的行为。

儿童的成长总是伴随着一些主观的东西，儿童的个性正是教育者需要探讨的内容。个性的存在使我们不能将普遍规律适用于所有儿童的教育。在不同的儿童中，即使运用同样的教育原则也会产生不同的效果。

另一方面，看到儿童在同样的情境中有大致相同的反应，我们不能说这是自然法则在起作用，因为人类普遍对外界缺乏认识，他们容易犯同样的错误。人们通常认为，当新生儿降临时，家里早已出生的孩子会心生妒忌。反驳这种看法的人会说，一方面这种情况存在着例外，另一方面，如果父母具备为孩子做好准备迎接弟弟妹妹的知识，那么，这个孩子就不会产生妒忌心理。一个犯错误的孩子就像一个站在山脚下的人，不知往哪里去，也不知如何去。当他最终找到一条路径，到达下一个城镇时，他听到人们惊讶地说："几乎所有离开这条小路的人都迷失了方向。"孩子之所以犯错误，是因为他们被一些迷人的小路所诱惑。这些小路看起来很好走，因此对这个孩子很有吸引力。

还有许多其他的情境对儿童的性格产生极其重要的影响。我们不是经常看到一个家庭有一个好孩子和一个坏孩子吗？如果我们更近距离地研究这种情况，就会发现那个坏孩子有着强烈追求优越感的愿望，他想支配其他人，想用自己的能量控制周围的环境，家里总是充斥着他的哭喊声。相反，另一个孩子安静、谦逊，是家里的宠儿，被当作那个坏孩子学习的榜样。

父母不知道如何解释这两种相反的状况为什么发生在同一个家庭里。经过调查我们得知，那个好孩子发现可以借助自己优异的行为成功地与坏兄弟或姐妹竞争，从而得到更多的认可。因此，当两个孩子之间产生敌意时，如果一个孩子没有希望通过更好的行为超越另一个孩子，那么，他就会往相反的方向努力，变得调皮捣蛋，达到超过另一个孩子的目的。经验告诉我们，这些调皮的孩子可能会变得比他的兄弟姐妹更好。同时，经验也告诉我们，强烈追求优越感会使孩子走向某一个极端。我们在学校也会看到同样的情形。

不能因为两个孩子在同样条件下成长，就预料他们会完全一样。没有两个儿童在完全相同的条件下长大。行为得体的孩子的性格在很大程度上受行为不端的孩子的影响。事实上，许多最初行为得体的孩子后来却成为问题儿童。

这里有一个17岁女孩的案例。在10岁之前，她一直是一个优秀儿童。她有一个比她大11岁的哥哥。她的哥哥被过度溺爱，因为在前11年里，他是家里唯一的孩子。妹妹出生时，他一点也不感到嫉妒，不过，他依然故我，继续过着娇宠的生活。当小女孩10岁时，哥哥经常长时间地离家出走。女孩过上了独生女的生活，这种处境让她变得我行我素、十分任性。她生长在一个富裕的家庭，小时候她的每一个愿望都能得到满足。长大之后，家里不可能满足她所有的要求，她开始表现出不满。她凭借家里的经济实力，年纪轻轻就开始负债。在短短的时间内，她就欠了一大笔钱。这说明她选择了另一条路径来满足自己的愿望。当她母亲拒绝满足她的要求时，她的乖巧行为就消失得无影无踪，代之以争吵和哭闹，变成了一个令人厌恶的人。

可以从这个和其他类似的案例中得出一个普遍的结论，即一个孩子可以用好的行为来满足对优越感的追求，但我们不确定当情况发生变化时，他的好行为能否保持下去。我们心理问卷的优势在于，它可以为我们提供一幅关于某个儿童，包括他的活动、他与环境以及他与环境中其他人关系的完整画面。他的生活方式总会在问卷中有所体现，通过对这个孩子进行研究，结合问卷收集的信息，我们就会发现他的性格特征、情感和生活方式都是他用以追求优越感的工具，从而在自己的生活中增强价值感，并获得一定的声望。

白日梦解析

我们在学校还经常遇到另一类儿童。他们似乎与我们以上描述的情况相矛盾：他们懒惰，沉默寡言，对知识、纪律和批评无动于衷，他们生活在自己的梦幻世界中，完全没有表现出对优越感的追求。然而，如果有足够的经验，我们就能发现这也是追求优越感的一种形式，虽然它是一种荒唐的形式。这种孩子不相信自己能通过一般的途径取得成功，因此，他回避所有可以获得提高和进步的手段和机会。他把自己孤立起来，给人一种坚强的印象。然而，这种坚强并不是他的全部人格。在坚强的背后，人们通常会发现一个极其敏感、脆弱的心灵，需要一个坚硬的外壳来保护它不至于受伤。他把自己包裹在铠甲里，任何东西都无法靠近他。

当人们成功地让他们开口说话时，就会发现他们过分关注自己，始终沉溺于白日梦和幻想中。在这些白日梦和幻想中，他们总是把自己想象得十分伟大和优越。现实距离他们的白日梦很远，他们自认为是征服所有人的英雄，或是剥夺所有人权力的暴君，或是解救受苦受难人的烈士。扮演救世主的情形常常发生这些孩子身上，他们不仅在白日梦中扮演救世主，在现实生活中亦是如此。有些孩子值得信赖，当其他孩子遭遇危险时，他们往往会挺身相助。那些在白日梦中扮演救助者的孩子，也会训练自己在现实中扮演这样的角色。如果他们对自己没有完全丧失信心，一旦有机会，他们立刻会扮演这种角色。

有些白日梦会不断反复出现。在奥地利君主时期，有许多孩子做一些拯救国王或王子于危难之中的白日梦。父母从来不知道自己的孩子有这种念头。我们发现经常做白日梦的孩子不能适应现实生活，不能成为有用之人。因为幻想和现实之间存在着一条巨大的鸿沟。有些孩子选择走中庸之道，继续保持自己的白日梦，同时根据现实情况做一些调整。另一些孩子则不做任何调整，越来越退缩到自己构筑的世界中。还有一些孩子不关注任何想象的世界，只关注现实，如读一些旅行故事、狩猎和历史方面的书籍等。

毫无疑问，孩子应该要有一些想象力，同时又要愿意接受现实。但是孩子不可能像我们一样对待这些事物，他们倾向于将世界简单地划分为两个极端。因此在理解儿童时，我们要牢记这样一个事实，即儿童有一种将世界划分为两个对立部分的强烈倾向（上或下、好或坏、聪明或愚蠢、优越或自卑、有或无）。成年人也有这样的认知方式。众所周知，我们很难摆脱这种思维方式。例如，我们会把冷和热对立起来，但从科学的角度来看，冷和热的区别只是温度上的差异而已。我们不仅发现儿童经常存在对立的认知方式，而且发现在哲学的早期阶段也存在这种对立的认知方式。这种思维方式在希腊哲学的早期占主导地位。甚至今天，几乎所有业余的哲学家都用对立的思维进行价值判断。有些人甚至将以下主题建成表格，如生一死、上一下、男一女等。在当今社会，儿童幼稚的认知方式和古老的认知方式之间有着巨大的相似性。我们认为那些习惯于将世界划分为截然对立的两个部分的人，仍然保留了他们儿时的思维方式。

对于那些按照对立的认知方式生活的人，可以用一句格言来形容他们的思维，即“要么全有，要么全无”。当然，这个世界不可能实现“要么全有，要么全无”的理想，但是他们却按这种理想规划自己的生活。人类不可能要么全部拥有，要么全部没有，在这两个极端之间存在无数个等级。我们发现这种思维主要存在于那些一方面有着深深的自卑感，一方面为了获得补偿而又变得极度野心勃勃的人身上。历史上有这样的人物，例如，凯撒在谋求王位的过程中，被他的朋友杀害。儿童的许多怪癖性格特征，如固执，都可以追溯到这种全有或全无的认知方式。生活中有许多这样的儿童让我们得出以下结论：这些孩子形成了私人哲学，或与常识对立的私人智慧。我们可以用一个非常固执且任性的4岁女孩的例子来说明这一点。一天，当她的母亲给她拿来一个橘子，她接过来后，立刻把它扔到地上，并且说："你拿给我的时候，我不想要！我想要的时候才会要。"

不能拥有一切的懒惰的儿童越来越退缩到白日梦、幻想和空中楼阁的虚无中。但不能急于下结论说，这些孩子无可救药。我们很清楚，过于敏感的孩子很容易从现实中退缩，因为他们自己创造了一个幻想的世界，这个世界可以使他们免于伤害。但是退缩并不意味着他们完全不具备适应能力。与现实保持一定的距离不仅对作家、艺术家是必要的，甚至对科学家来说也是必要的，因为科学家也需要良好的想象力。白日梦中的幻想只不过是个体企图回避生活中的不快和失败走的一条弯路。我们不要忘记，那些具有丰富想象力，并且后来把想象与现实结合在一起，最终成为人类领袖的例子。他们之所以成为领导者，不仅因为他们受过良好的教育，具有敏锐的洞察力，还因为他们有直面困难和克服困难的意识和勇气。我们经常在伟人的传记中看到，他们小时候是坏学生，看似一无是处，但他们拥有观察周围世界的卓越才能。因此，当有利条件出现时，他们便勇气倍增，更加直面现实，奋力拼搏。不过，如何将儿童培养成伟人是无法可循的。但是，我们必须牢记，决不能粗暴地对待儿童，必须不断地鼓励他们，向他们解释现实生活的意义，使他们不至于将幻想与现实世界分割开来。

第八章
作为准备性测试的新环境

我们应该研究新环境，不仅因为它是孩子变坏的原因，
还因为它更为清晰地显示了孩子没有对新环境做好充分的准备。
每一个新环境都应该被看作是检验孩子是否做好准备的场所。

新环境

个体的心理生活是一个统一体，不仅体现在人格在任何特定时刻的表现都是前后一致的，而且还体现在个体的心理生活是一个连续体。人格在时间中的展开，不会出现突然的跳跃。一个人的现在和未来的行为总是与他过去的性格一致。这并不是说个体生活中的事件机械地由他的过去和遗传所决定，而是意味着未来和过去相互关联。我们不可能在一夜之间脱胎换骨，我们也从来不知道我们的皮囊下到底有什么。直到我们充分表现出自己的才能时，我们并不知晓我们全部的能力。

正因为个体的心理生活是一个连续体，而不是被机械地决定的，因此我们不仅有可能教育和改善人格，还有可能检测出儿童在某一个时间点的性格发展情况。当一个个体来到一个新的环境，他隐藏的性格特征就会在新的环境中立刻显现出来。如果我们能够直接对个体进行试验，那么，我们只要把他们带到他们没有预料到的新的环境中，我们就能发现他们的心理发展情况。他们在新环境中的行为一定与他们过去的性格相吻合，只有在新的环境中，他们过去的性格才会暴露无遗。

儿童的一些转折期，如开始上学，或家庭突遭变故等，可以让我们深入地了解他们的性格。只有在这种时候，儿童的性格才会像相片底板在显影液中一样清晰地显现出来。

我们曾有机会观察一个被收养的孩子。他性格暴躁，坏行为屡教不改，人们永远无法预料他下一刻要干什么。当我们跟他说话时，他的应答毫无机智可言，完全是答非所问。在了解了这个孩子的整体情况后，我们认为虽然这个孩子在养父母家里待了好几个月，但仍然对养父母充满敌意。他并不喜欢呆在养父母的家里。

这是我们从这个情境中得出的唯一的结论，然而，他的养父母对此并不认同，说他们对这个孩子很好，以前没有人对他这么好过。但这不是决定性因素。我们经常听到父母说："我们对他尝试过各种办法，恩威并施，但不起任何作用。"仅仅善待孩子还不够。有些孩子对父母的善意有良好的回应，但不能误认为我们因此可以改变他们。孩子会认为，父母对他们的善意只是暂时的，他们的处境基本上跟原来一样。一旦父母的善意消失，他们会立即回到以前的处境中。

因此，有必要了解孩子的想法和感受，了解他们对所处环境的诠释，而不是父母的想法。我们向养父母指出，这个孩子跟他们在一起生活并不幸福。孩子对养父母的敌意是对还是错，我们不得而知，但一定是发生了什么使这个孩子心生恨意。我们告诉养父母，如果他们没有办法矫正孩子的错误、赢得他的爱，那么，他们应该把他送给其他人，因为孩子认为自己过着囚禁一般的生活，会不断地进行反抗。后来我们听说这个孩子变得非常暴躁，甚至十分危险。如果对他好一点，那么，他的情况会有所好转。但这还不够，因为这个孩子对整个情况并不了解。在收集到更多的信息后，我们才明白这其中的原因。他与养父母的孩子在一起生活，认为养父母偏心，对自己关心不够。这当然不是引发脾气暴躁的原因，但这个孩子想逃离这个家，因此，他每一个能满足自己愿望的举动在他自己看来却是再合适不过了。他的行为明智地指向自己设定的目标（逃离养父母的家），因此，我们不应该认为他心智不健全。这家人过了一段时间之后才意识到要把这个孩子送走，因为他们根本无法改变他的行为。

如果人们对这种孩子的错误进行惩罚，那么，惩罚就会被孩子当作是继续反抗的理由。孩子认为反抗是对的，而惩罚证实了这一点。我们的观点有充分的依据。孩子的错误应该被理解为是他与环境抗争的结果，是他遭遇了一个没有为此做好充分准备的新环境的结果。这些错误很幼稚，我们不必对它们大惊小怪，因为在成年人的生活中也有同样幼稚的表现。

对各种体态语的表现及其意义的研究还是一块尚未开垦的处女地。也许没有人像教师这样得天独厚，可以将孩子所有的表现形式纳入到一个框架中，探讨它们彼此之间的关系及根源。我们要记住，同一种表现形式在不同的情境下具有不同的意义。两个孩子做同一件事情，但意义却并不相同。此外，问题儿童的表现各不相同，即使他们有同样的心理问题。原因很简单，这不过是殊途同归而已。

我们不能根据常识来判断对错。孩子之所以犯错误，是因为他们为自己设定了一个错误的目标。那么接下来，对错误目标的追求也是错误的。人们犯错误的可能性有无数种，但真理却只有一个，这就是人性中的奇特之处。

有几种表现形式十分重要，但却没有在学校里引起注意。例如，睡觉的姿势。以下是一个十分有趣的例子：一个15岁的男孩产生了这样的幻觉，皇帝弗兰西斯·约瑟一世已经离世，魂灵出现在他的面前，命令他组织军队进军俄罗斯。我们晚上进入他的房间，想看看他睡觉的姿势，结果我们发现了一幅令人震惊的画面，发现他的睡姿俨然像带兵打仗的拿破仑。第二天我们见到他的时候，他的姿势与睡梦中的军姿十分相像。他的幻觉与清醒状态之间的联系非常明显。我们和他交谈，并试图让他相信约瑟大帝还活着，但他根本不相信。他告诉我们，他在咖啡馆当服务生时，常常因为身材矮小受到奚落。当我们问他是否认识某个人走路的姿势跟他一样，他想了一会儿说：“我的老师，迈耶先生。”看来我们的想法是对的，只要将迈耶先生魔术般地变为另一个小拿破仑，我们的难题就得到解决了。更为重要的一点是：这个男孩告诉我们他想当老师。迈耶先生是他最喜欢的老师，他想模仿迈耶先生的一切。总之，这个男孩的全部生活都浓缩在他的姿势中。

新环境是检验孩子是否做好准备的场所。如果孩子准备充分，那么，他在新环境中就充满信心。如果他对新环境缺乏准备，那么在新的环境中，他就会感到紧张，进而产生一种无能感。无能感会扭曲儿童的判断，对环境做出不真实的反应，即儿童产生的反应与环境的要求不相符合。因为，这一切不是基于社会情感。换句话说，孩子在学校的失败不仅要归咎于学校系统的低效，还因为孩子缺乏上学的准备。

我们应该研究新环境，不仅因为它是孩子变坏的原因，还因为它更为清晰地显示了孩子没有对新环境做好充分的准备。每一个新环境都应该被看作是检验孩子是否做好准备的场所。

心理问卷讨论

为此，我们要再次对问卷做一些讨论（见附录1）。

1. 孩子什么时候开始出现问题？我们的注意力马上转到新环境上。当一个母亲说她的孩子在上学前一直都很好，其实，她告诉我们的要比她实际了解的要多。孩子太难适应学校生活了。如果这个母亲只回答“过去三年以来孩子一直如何如何”是不够的。我们必须了解三年前孩子的环境或他的身体状况发生了什么。

孩子对自己失去信心的第一个迹象是他不能适应学校生活。最初的失败一般不会引起足够的重视，但对孩子来说却意味着灾难。我们必须了解孩子因为分数差挨打的次数，这些低分和挨打对孩子追求优越感产生了什么样的影响。尤其是当父母经常对他说“你不会有出息的”或“你最终会上绞刑架”时，孩子也许真的认为自己不会取得任何成就。

有些孩子会越挫越勇，有些孩子则会一蹶不振。我们要鼓励那些对自己及未来丧失信心的孩子。要用温柔、耐心、宽容来对待他们。

唐突地对儿童解释性方面的问题会给他带来困扰。兄弟姐妹出色的成绩也会让他停滞不前，不再努力进取。

2. 之前表现明显吗？也就是说，孩子准备不充分在环境变化之前就有迹象吗？对于这个问题，我们收到各种各样的答案。“这个孩子不爱整洁”意味着他的母亲为他做了一切。“他总是很胆小”意味着他非常依恋他的家人。如果一个孩子被描述为虚弱，那么，我们可以断定他生来器官有问题，他要么被溺爱，要么因为长相丑陋而被忽视。这个问题也可以指那些弱智的孩子。也许因为发展缓慢而被怀疑为弱智。即使后来他发育正常，但还是会保持被溺爱或受限制时的感觉。这些感觉使他很难适应新的环境。如果我们被告知某一个孩子胆小懦弱、粗心大意，那么，我们可以确定他在寻求他人的关注。

男女差异

教师的第一个任务是赢得孩子的信任，然后再鼓足他的勇气。如果一个孩子举止笨拙，教师要了解他是否是左撇子。如果他显得极为笨拙，那么，教师要了解他是否完全理解自己的性别角色。那些生长在女性环境中的男孩避免与其他男孩为伴，并因此受到嘲笑和奚落，也经常被当作女孩对待。这些男孩习惯于女性角色，以后会产生强烈的内心冲突。忽视男女性别之间的差异会导致儿童相信性别是可以改变的。但当他们最终发现身体的构造无法改变时，他们就会根据自己所希望从属的性别，尝试形成男性或女性的心理特征予以补偿。这种心理倾向往往表现在他们的着装和言谈举止上。

有些女孩非常厌恶女性职业，主要原因是她们认为这些工作没有任何价值，这体现了我们文明的重大失误。女人不能享受与男人同等的特权，这样的传统依然存在。该文明明显对男人有利，并赞成他们拥有某些特权。儿子的诞生比女儿的来临能为人们带来更多的喜悦，事实上，这对儿子和女儿都会产生不利的影响。自卑会抑制女孩的发展，而男孩却背负起过多的期望。有些国家，如美国对女孩子的限制不是太明显，但即使在美国，男女平衡的社会关系远远还没有达到。

我们在这里关注的是反映在儿童身上的人类的整个精神状

态。接受女性角色意味着要承受一些苦难，因此会不时地招致女孩的反抗。这种反抗经常表现为任性、固执和懒惰，这都与追求优越感有关。当女孩子出现这些迹象时，教师应该了解她是否对自己的性别不满意。

这种不满意会延伸到其他方面，例如，对女孩来说，生活会变成一种负担。我们偶尔会听到孩子说希望去一个不分男女的星球生活。这种错误的想法会引发各种荒谬的行径，或导致完全的冷漠、犯罪，甚至自杀。惩罚和缺乏同情心只会强化儿童的缺失感。

如果孩子能默默地了解男女之间的差异，并被教导男女具有同样价值，那么，这种不幸的状况就可以避免。父亲通常在家里享有一定的优势，他是财产的所有者，他制定规则，对妻子颐指气使，向妻子解释规则并进行决策。兄弟也试图比姐妹优越，并通过嘲讽和批评使姐妹们对自己的性别产生不满。心理学家认为兄弟的行为源自他们自己的虚弱感。能做什么和似乎能做什么之间存在着很大的差异。关于妇女迄今为止没有取得什么丰功伟绩的论述是毫无价值的。因为女人至今没有被培养去做了不起的事情。男人把袜子放在女人的手中，让她们补袜子，并试图让她们相信这就是她们的工作。虽然现在情况得到了一些改善，但是我们如今对女孩的教育并没有体现出什么特别的期望。

一方面没有为女孩做充分的准备，另一方面又批评她们无所作为，这是一种短视行为。要改变目前的状况不是一件容易的事情，因为不仅父亲，还有母亲都认为男性具有特权是天经地义的，并按照这种观念抚养自己的孩子。他们教育孩子男性权威是正确的，男孩可以要求女孩服从，女孩理应服从。儿童应该尽早地知道自己的性别，并且知道自己的性别是不能改变的。女性对男性权威和优越感会产生一种憎恨，当这种憎恨变得非常强烈时，就表现为女性拒绝接受自己的性别，并努力变得像男性一样。个体心理学把这种现象叫作“对男性的抗议”。如果男女第二性特征有残疾或发育不全，也常常会导致成年人依据解剖学上的男女特征来怀疑自己的性别（女孩身上出现男性特征，男孩身上出现女性特征）。这种怀疑深深地植根在他们的内心深处，与体质的虚弱密切相关。身体发育不全在男性身上比在女性身上表现得更加明显，人们往往会认为他具有女性特征。这种看法不正确，因为这个男人只不过长得更像一个男孩而已。如果一个男人的身体发育不全，他会产生一种痛彻心扉的自卑，因为在我们的文明中，人们普遍认为男人应该是威武雄壮，且成就超越女性的男子汉。一个发育不全或不漂亮的女孩同样会对生活产生厌恶心理，因为我们的文明过于强调女性的美丽。

性格、性情和情感是人的第三性特征。敏感的男孩被认为有女孩气，镇定、自信的女孩被描述为有男性特征。这些特征不是与生俱来的，而是后天习得的。拥有这些特征的成年人回忆说，他们在童年时就是古怪、另类的孩子，行为举止像与他们自身相反的性别。他们根据自己对性别角色的理解长大成人。接下来涉及的问题是，儿童的性发育或性体验发展的程度，也就是说儿童在什么年龄对性开始有一定的了解。我应该指出，至少有90%的儿童在父母或教育者向他们解释性知识之前对性就有所了解了。什么时候向孩子解释性知识，不存在硬性的规定，因为我们无法预知一个孩子对性知识解释的接受或相信的程度，我们也无法预知对性知识的解释将会对孩子产生什么样的影响。一旦孩子问到这方面的内容，我们要仔细考虑孩子当时的情况，然后再予以解答。不提倡过早地向孩子做这方面的解释，尽管过早的解释并不总是会对孩子产生有害的后果。

被收养子女/继子女/私生子处境

被收养的孩子或继子女也是个难题。他们认为父母对他们的善待是理所当然的，却将受到的严厉对待归结为自己在家里的特殊地位。一个失去母亲的孩子特别依恋自己的父亲。一段时间后当父亲再婚时，孩子就会觉得自己被排除在外，因此拒绝与继母成为朋友。有趣的是，有些孩子把自己的亲生父母视为继父继母，这隐含着他们对亲生父母的抱怨和严厉批评。继父继母的名声很不好，因为在童话故事中，他们通常很恶毒。顺便提一下，童话并不是儿童的最佳读物。完全禁止是不可能的，因为儿童可以从童话中了解到许多关于人性的东西。但是要在这些童话故事中附上正确的评论，并阻止儿童去读那些有残忍情节或扭曲幻想的童话故事。人们有时用一些包含强者实施残忍行为的童话故事让儿童克服柔弱的情感，希望他们变得坚强起来，这是源自英雄崇拜的又一个错误观念。男孩认为同情是一种没有男子汉气概的表现。温柔的情感常常遭到嘲讽，这很令人费解。适时的温情无疑是弥足珍贵的，尽管任何情感都可能被滥用。

私生子的处境尤其艰难。不消说，男人逍遥自在，让女人和孩子承受这一切是不对的。付出最大代价的当然是孩子。无论人们怎么帮助这些孩子，都无法消除他们的痛苦，因为常识告诉他们，这一切都是不正常的。他们遭受同伴的嘲笑，国家法律也让他们的生存变得异常艰难，法律给他们烙上了私生子的印迹。由于过度敏感，他们很容易和其他人发生争吵，并对周围世界产生一种仇视的态度，因为无论哪一种语言都有丑陋、带有侮辱性和令人心痛的字眼来称呼他们。因此，不难理解为什么问题儿童和罪犯中有这么多孤儿和私生子。不能将私生子或孤儿的反社会倾向归结于他们内在或遗传的性格。

第九章
孩子在学校的表现

通过孩子对学校这个新环境的反应，
我们可以评估他的合作能力和兴趣范围，可以判断他对什么科目感兴趣、
对别人说话是否感兴趣、对什么东西感兴趣。

学校环境

当孩子入学时，他会发现自己进入了一个全新的环境。像其他所有的新环境一样，学校也是检验孩子是否做好准备的场所。如果之前对孩子进行了适当的训练，那么，孩子就会从容顺利地通过入学这道测试。

我们一般没有记录孩子进入托儿所或小学时的心理准备情况，不过，这种记录（如果有的话）会帮助我们解释孩子长大成人之后的种种行为。这种“新环境测试”一定比学校的一般成绩更能揭示孩子的真实情况。

当孩子入学时，学校对他有什么要求呢？学校要求他与教师和同学合作、完成功课，也要求他对学习科目产生兴趣。通过孩子对学校这个新环境的反应，我们可以评估他的合作能力和兴趣范围，可以判断他对什么科目感兴趣、对别人说话是否感兴趣、对什么东西感兴趣。要弄清楚这些情况，我们必须研究孩子的态度、姿势和表情，倾听别人说话的方式，必须研究他是否以友好的方式接近老师，或是否对老师躲躲闪闪等。

这些细节如何影响一个人的心理发展可以从一个案例中找到答案。一个男人因为职业上的问题，找到心理学家进行咨询。回顾童年时，心理学家发现这个男人是家里唯一的男孩，在一堆姐妹中长大。他出生不久父母就去世了。等到要上学的时候，他不知道该去女子学校还是去男子学校就读。他的姐妹说服他去女子学校，不过很快就被退学。我们可以想象这件事在孩子的心里产生什么影响。

对学校科目的专注在很大程度上取决于孩子对教师的兴趣。如何保持学生的注意力，发现他什么时间专注、什么时间不能集中注意力，这是教师教学艺术的一部分。许多学龄儿童不能专注于自己的功课，他们通常是被宠坏了的孩子，在众多陌生人面前惶惑不已。如果碰巧老师比较严厉，那么，这些孩子就好像丧失了记忆一般。记忆的缺失并不像人们通常认为的那么简单。被教师指责为丧失记忆的孩子，对其他事情却牢记于心。他们甚至能全神贯注，但这种情况只出现在溺爱他们的家庭中。他专注于对宠爱的渴望，而不是学校的功课。

对于那些难以适应学校、成绩不好和没有通过考试的孩子来说，批评和指责毫无用处。因为批评和指责不能改变他们的生活方式，相反，还会使他相信自己不适合上学，从而产生悲观的态度。

值得注意的是，那些被宠坏的孩子一旦被老师争取过来，他们通常都会成为好学生。当他们处于优势时，他们就会努力学习。但不幸的是，我们不能保证他们在学校里能永远受宠。如果转学或更换了教师，或在某一个科目上没有取得进步（算术对于被宠坏了的孩子来说永远是一门艰难的科目），他们就会突然变得停滞不前。他们不能勇往直前，因为他们已经习惯于别人帮他们把难题变得容易和轻松。他们从未被训练要去努力争取，也不知道如何去努力争取。他们没有克服困难的耐心，也不努力去锐意进取。

我们接下来看看什么是充分的入学准备。孩子没有做好准备，母亲总有一定的责任。因为，母亲是第一个唤醒孩子兴趣的人，肩负着将孩子的兴趣引向健康渠道的重任。如果母亲没有尽到自己的责任，那么，结果就会明显地表现在孩子在学校的行为上。除了母亲对孩子的影响外，还有家庭的综合影响，如父亲的影响、孩子之间的竞争等，我们在其他章节已经分析过。此外，还有外界的影响，如恶劣环境和偏见等，我们在后面的章节将会对此进行详细论述。

智力测试

由于环境因素致使孩子没有做好入学准备，那么，仅仅根据学习成绩对孩子进行评判是愚蠢的。我们应该把学校的成绩报告单看作是孩子目前心理状况的反映，因为成绩报告单反映的不仅是孩子得到的分数，更反映了他的智力、兴趣和专注的能力。对学业测试的解释应该与对智力测试的解释一样，尽管二者在结构上有所差异。无论是学业测试还是智力测试，重点都应该放在揭示孩子的心理上，而不是观察记录下来的量化的事实。

近年来，智力测试获得了长足的发展。智力测试对教师的影响很大，有时候智力测试很有价值，因为它们可以揭示出普通测试不能揭示的问题。智力测试还不时地成为孩子的救星。如果一个男孩成绩很差，教师想让他留级，但智力测试可能显示他的智商很高，那么，这个孩子不仅不会留级，可能还会跳一级。获得成就感后，这个孩子的行为就可能有很大的变化。

我们不希望低估智力测试和智商的功能，但我们必须指出，不应该告诉孩子和父母测试的结果，因为父母和孩子并不知道智力测试的真正价值，他们认为智力测试是对孩子进行最终和最完整的评判，测试结果预示着孩子的命运，那么，孩子从此之后就会受到测试结果的限制。事实上，把测试结果绝对化的做法一直备受诟病。在智力测试中获得高分并不能保证孩子今后能获得成功，相反，许多成功人士在智力测试中却得分很低。

根据个体心理学家的经验，如果智力测试的结果显示某个孩子智商不高，我们可以找到正确的方法来帮助他提高分数。方法之一是让他反复研究某种智力测试，直到他发现诀窍，同时做好应试的准备。通过这种方式，孩子可以取得进步，积累经验。在后续的测试中，他可以得到更高的分数。

学习的兴趣

学校的常规教学如何对学生产生影响，孩子是否被沉重的学业压得喘不过气，这是一个值得关注的重要的问题。我们不是贬低学校课程大纲中的科目，也不认为要减少学习的科目，重要的是教师要用连贯的方式来教授这些科目，使孩子认识到所学科目的目的和实用价值，而不是把这些科目看作是纯粹抽象和理论的东西。目前人们讨论最多的问题是应该教会孩子学习、掌握科目知识和一些客观事实，还是应该教育和培养孩子的人格。个体心理学认为我们要将两者兼顾起来。

科目教学应该富有趣味性和实用性。教授数学（算术和几何）应该与建筑物的风格和结构，以及居住在里面的人联系起来。一些先进的学校不乏懂得将各科目相互联系起来进行教学的专家。当这些专家与孩子散步时，他们就能发现孩子对哪些科目更感兴趣。他们知道如何将一些科目结合起来进行教学，例如，将对某种植物的教学与该植物的历史、所生长国家的气候结合起来进行教学。通过这种方式，他们不仅能激发原本对这个科目不感兴趣的学生的兴趣，还能教会他们用协调、综合的方法处理事情，这才是教育的终极目标。

课堂里的合作与竞争

有一点教育者不能忽视，即孩子在学校里仍觉得自己处于个人竞争中。理解这一点很重要。理想的学校班级应该是一个集体，每一个孩子都应该觉得自己是这个集体中的一个组成部分。教师要将孩子之间的竞争和个人野心控制在一定的范围内。有的孩子不喜欢看到其他同学不断进取，在这种情况下，他们要么不遗余力、迎头赶上，要么陷入深深的失望中，并带着主观色彩看待一切事物。这就是为什么教师的忠告和引导会显得非常重要，教师一句恰当的话语就能将孩子之间竞争的能量引导到合作的渠道中去。

制定和推行班级自治计划对引导孩子是有所帮助的。我们不必等到学生完全做好自治准备之后才去制定这类计划，我们要允许孩子首先观察班里的情况，或者让他们提出建议。如果在毫无准备的情况下让他们完全实施自治，那么，我们就会发现他们对同学的惩罚比教师来得更加严厉，他们甚至会利用自己的政治权利为个人谋取好处和优越感。

评价孩子在学校取得的进步，我们既要考虑教师的看法，也要考虑孩子的看法。有趣的是孩子通常在这个方面能做出很好的判断。他们知道谁的拼写最好，谁的绘画最棒，谁的体育最强。他们能很好地相互评分。有时候对别人不太公正，但他们能意识到这一点，并努力做到公正。在自我评价时，他们最大的问题是妄自菲薄，他们认为："哦，我永远赶不上别人"。这是不真实的，他们能赶上别人。我们必须指出他们自我判断中的错误，否则，错误的判断会成为他们终身永久的看法。有这种看法的孩子永远不会取得进步，只能停留在原地不动。

学校中绝大多数孩子几乎总是停留一个水平：要么最好，要么最差，要么居于平均水平。这并没有太多地反映出他们大脑的发育情况，只是反映了他们的惰性心理。这表明孩子在几次检查之后变得不乐观，自己限制了个人的发展。但是，有些孩子的位置会不时地发生一些变化，这一点很重要，因为这表明孩子的智力水平不是命中注定的，不是一成不变的。孩子应该认识到这一点，教师也要帮助他们懂得在实际情况中如何运用这个道理。

能力遗传论

教师和孩子都应该摒弃这样一种迷信，即把智力正常的儿童取得的成绩归因为他们特殊的遗传。相信能力遗传论也许是儿童教育中最大的错误。当个体心理学率先指出这一点时，人们认为这是个体心理学乐观的推测，并无科学依据。但是现在越来越多的心理学家和病理学家开始接受这个观点。遗传太容易成为父母、教师和孩子的替罪羊了。每当他们遇到需要付出努力才能解决的困难时，他们就搬出遗传以推脱自己的责任。但是我们没有逃避责任的权利，我们对那些帮助人们推脱责任的观点永远持怀疑态度。

一个相信自己的工作具有教育价值的教育者，一个相信教育可以训练人们性格的教育者，是不会一以贯之地接受遗传论的。我们并不关注身体上的遗传。我们知道器官缺陷，甚至器官能力的差异是可以遗传的。但是连接器官功能和心理机能的桥梁在哪里？在个体心理学中，我们坚持认为个体的心理能够体验并估计器官所具有的能力。但是如果人们在心理上过度估计了器官能力，那么，就会惊恐于器官缺陷，即使器官缺陷消除了，精神上的恐惧还会持续很久。

人们总喜欢追根溯源，喜欢透过现象看本质，但是用这种观点来评价一个人的成就却是一种误导。例如，这种观点通常表现在家谱构建中出现的错误上，人们在构建家谱时常常忽视了大多数祖先，忘记了每一代人都有父母两个人。如果我们上溯五代人，那么就有64位祖先，在这64位祖先中找出一位将自己的聪明才智遗传给其后人的人毫不费力。如果我们上溯十代人，那么就有4096位祖先，在这么多位祖先中找到一个或几个能干的人更不在话下。我们也不要忘记，出类拔萃的祖先对家族传统产生的影响与遗传的功效非常相似。因此，我们可以理解为什么有些家族比其他家族产生更多能干的人，但这并不是遗传的作用。这是一个非常明显而简单的事实。让我们看看欧洲的情形就可以明白这其中的道理，那时欧洲的孩子都被迫子承父业。如果我们忽视了社会机构的作用，那么遗传的数据就会显得更加庞大。

成绩差的连锁反应

除了人们的遗传观念外，孩子面临的最大困难来自父母对他们成绩差的惩罚。如果一个孩子成绩不好，那么就会发现老师不喜欢他。因此，他不仅在学校感到痛苦，回到家以后，又转换到一个新的场景，即遭受父母的责备的场景。他们会被父母责骂，甚至经常挨打。

教师应该牢记坏成绩报告单带来的后果。有些教师认为，因为孩子不得不把坏成绩报告单带给父母看，因此，他以后会更加努力地学习。但是老师忘记了一些特殊家庭的特殊情况。有些家庭对孩子的教养方式非常残酷，那么，孩子在拿出坏成绩报告单之前一定会三思。结果是，他可能根本就不回家，或出于对父母的恐惧而陷入绝望中，乃至自杀。

教师不应该为学校制度负责，但是在可能的情况下，他们可以用一点同情和理解来调和非人性化的、严苛的学校制度。因此，教师尽可能对那些家庭情况比较特殊的孩子温和一些，这样才能激励他，而不是把他逼入绝境。那些成绩一直很差的学生，不断地被告知自己是学校最差的学生，结果他自己也会这么认为，这将给孩子的心灵带来极大的压力。如果我们对这样的孩子感同身受，那么，我们就会轻而易举地理解他们为什么不喜欢学校。如果一个学生处在一个总是挨批评、考试成绩很糟糕、失去赶上其他同学希望的地方，那么，他是不会喜欢这个地方的，并想方设法逃离这个地方。这是人之常情。因此，一旦遇到这样的孩子逃学，我们不必感到太沮丧。

虽然我们不必对这种情况感到惊慌，但是我们必须认识到逃学背后蕴含的意义。我们要认识到逃学是一个坏的开端，尤其是发生在青少年阶段。这些孩子很聪明，他们通过涂改成绩单、逃学来保护自己。逃学之后会遇到同类的孩子，结果，他们就会形成帮派，逐步走上犯罪的道路。

如果我们接受个体心理学所有孩子都有希望的观点，那么，这些情况可以避免。我们应该相信总会找到帮助孩子的方法，即使在最坏的情况下，也能找到解决的方法。当然，这些方法还有待我们去寻找。

教学观察

让孩子留级的坏处也毋庸多说。教师一般都认为孩子留级会给学校和家庭带来问题，虽然情况并不完全如此，但例外是少之甚少。大多数留级生长期留级，他们总是落后于其他同学。他们的问题只是暂时被回避了，从未得到解决。

什么时候让孩子留级是个难题。有些教师成功地避免了这个难题。他们利用假期时间对孩子进行培训，及时发现孩子生活方式中的错误并加以矫正，从而使孩子顺利地升级。如果学校里有特殊的辅导教师，那么，就可以广泛地使用这种方法。我们有社会工作者和上门的家庭教师，但是没有这种辅导教师。

德国没有上门家庭教师的机构，人们似乎觉得不需要这种教师。公立学校的教师对孩子的了解最清楚，如果他能正确地观察的话，他比其他人更了解班级的实际情况。有些人说因为班级人数太多，班级教师不可能了解每一个学生。但是如果观察孩子进校后如何适应学校生活，那么，教师很快就会了解他们的生活方式，可以避免许多问题的发生。即使班级很大也可以做到。即使班级再大，教师了解学生也能更好地教育他们。班级太大当然不是一件好事，应该尽可能地加以避免，但班级太大并不是一个难以逾越的障碍。

从心理学的角度来看，最好不要每年更换教师（有的学校每6个月更换教师），教师最好是跟班。如果一个教师连续教孩子两年、三年或四年，这无论对教师，还是学生来说，都是一件好事。这样教师就有机会密切地了解所有的孩子，知道每一个孩子的生活方式中存在的错误，并予以矫正。

有些孩子经常跳级，跳级是否有好处尚在争论之中。但是孩子往往不能满足自己在跳级过程中唤醒的过高的期望。如果某个孩子年龄较大，可以考虑让他跳级。如果某个孩子以前成绩很差后来又赶上来，也可以考虑让他跳级。跳级不应该作为对孩子成绩好的奖励，或因为他懂得的东西比别人多。如果聪明的孩子将时间用于课外学习，如绘画、音乐等，这会给他带来更多的好处。他在课外时间学到的东西对全班同学都有好处，因为这对其他同学来说也是个激励。把一个班上的好学生抽走不是一件好事。有人说我们应该促进聪明优秀孩子的成长，但我们并不这样认为。我们认为聪明的孩子应该带动全班同学共同进步，并赋予班级发展的动力。

考察一下学校当中的两种班级——快班和慢班也很有趣。人们会惊讶地发现，快班上有一些孩子智力上有问题，而慢班上的学生并不像人们想象的那样，都是智力低下的孩子，慢班上的孩子都来自贫困家庭。贫困家庭的孩子通常有愚笨的名声，原因是他们没有为上学做好准备。因为他们的父母有太多的事情要做，没有时间管孩子，或者自身受的教育不足以胜任教育孩子的任务。这些缺乏心理准备的孩子不应该被编入慢班。被编入慢班对孩子来说是一个耻辱，他们会受到同伴的嘲笑。

照顾这些孩子的最好的方法是利用辅导教师，我们在前面已提到过这种方法。除了辅导教师之外，还应该有儿童俱乐部，孩子可以去那里接受额外的辅导。他们可以在俱乐部做家庭作业、玩游戏、读书等。这样他们得到锻炼，鼓足勇气，而不是在慢班上体验灰心和丧气。如果给俱乐部配置更多的游乐场，那么，可以完全使孩子远离街道、不良环境的影响。

男女同校

男女同校一直是教育实践中探讨的问题。人们认为应该倡导男女同校，因为这是促进男女学生更好地相互了解的好方法。不过，认为男女同校制度可以任其发展，不予任何干预，则是大错特错的观点。男女同校会涉及到一些特殊的问题，需要加以考虑，否则，其缺点就会大于优点。例如，女孩在16岁之前比男孩发育快一些，如果男孩子没有认识到这一点，那么，当他们看到女孩子发育比自己快，往往会心理失衡，并和女孩较劲，进行一场无意义的竞赛。学校的管理者和班级教师都应该考虑这样一些事实。

只有当教师喜欢男女同校，并且能够理解男女同校的意义，男女同校才能获得成功。如果教师不喜欢男女同校，认为男女同校对他来说是一个负担，那么在他的班上实施男女混合教育注定会失败。

如果男女同校制度管理不善，孩子没有得到正确的引导和监管，那么，必然会导致性方面的问题。我们将在下一章详细谈论性方面的问题。需要指出的是，在学校进行性教育是一个复杂的问题。事实上，学校不是进行性教育的合适场所，因为当教师面对全班同学谈论性问题时，他不知道孩子们会作何反应。如果孩子私下向老师询问这方面的信息，情况就不一样了。如果女孩子询问这方面的情况，教师应该给予正确的回答。

心理学与教育

在偏离主题讨论教育管理方面的问题后，我们再回到本章讨论的核心问题。我们认为了解了儿童的兴趣和发现他们所擅长的科目后，我们总可以找到正确的教育方法。一顺百顺事事顺！教育和生活的其他方面都是如此。这意味着，如果一个孩子对某一个科目感兴趣，并取得了成功，那么，这就会激励他去学习其他的东西。教师要利用学生的成功，把成功当作他们获取更多知识的垫脚石。学生自己不知道如何依靠自己的力量来提升自己，这就像我们大多数人从无知上升到有知时需要帮助一样。但是教师可以这么做，如果他这样做了，学生就会认识到这一点，并予以积极的配合。

我们谈到的学生对科目的兴趣同样也适用于孩子的感觉器官。我们必须找到孩子最经常使用的感觉器官，找到孩子最喜欢的感觉类型。许多孩子在视觉上受到良好的训练，有些孩子在听觉上受到良好的训练，而有些孩子在运动上受到良好的训练。近些年，一种手工学校很盛行，这些手工学校奉行将科目教学与眼、耳、手的训练结合起来的原则。手工学校的成功表明孩子控制和驾驭自己的感官兴趣具有重要意义。

如果教师发现某个孩子是视觉型，那么，他就应该设计所教科目的内容使其便于用眼睛来理解，如地理。因为孩子看的效果比听的效果好，这是教师得到的关于特殊儿童的启示，看到孩子第一眼，教师就可以得到许多这样的启示。

总之，理想的教师负有神圣和令人着迷的使命。教师塑造孩子的心灵，掌握人类的未来。

但是我们如何将理想变为现实呢？仅仅建构教育理想是不够的。我们必须想办法实现教育理想。很久以前，笔者在维也纳寻求一种方法，寻找的结果是建立咨询诊所或在学校设立辅导诊所[1]。

建立诊所的目的是将现代心理学知识服务于教育系统。在诊所里，一位不仅懂得心理学，还了解教师和父母生活的称职的心理学家，在规定的时间里与教师一起开展咨询活动。在咨询活动中，教师们聚集在一起，每个人提出一些自己掌握的问题儿童的案例。这些案例中的儿童要么懒惰，要么扰乱课堂，要么有小偷小摸的毛病。教师描述各自带来的案例，心理学家分享自己的经验，然后大家开始讨论导致问题的原因是什么，问题是什么时候开始出现的，应该如何解决这些问题，然后分析儿童的家庭生活和他的心理发展历程。在综合大家认识的基

1 参见阿尔弗雷德·阿德勒和同伴的《引导孩子》一书，该书详细介绍了这些诊所的历史、使用的技巧和取得的成果。

础上，该小组为每一个问题儿童提出矫正方案。

第二期咨询活动要求孩子和母亲都要参加。在确定了什么方式能对母亲产生影响后，心理学家先与孩子的母亲进行交谈。母亲听取心理学家解释自己的孩子为什么遭遇失败后，然讲述自己孩子的情况，接下来，母亲和心理学家之间展开讨论。一般来说，母亲看到其他人对自己孩子的案例感兴趣，都会感到很高兴，并乐于合作。如果这位母亲不友好，并有敌意，那么，教师或心理学家可以谈论类似的案例和其他母亲的情况，直到她的抵触情绪消失为止。

当影响孩子的方法最终达成时，孩子进入咨询室。在咨询室里，孩子见到教师和心理学家。心理学家与他谈话，但不谈论他的错误。心理学家像讲课一样，以一种孩子能够理解的方式，客观地分析他的问题、问题产生的原因以及阻碍他正常发展的一些想法和念头。心理学家让孩子明白为什么自己受挫，而其他孩子却得到偏爱；为什么他对成功不抱任何希望等。

这种咨询方法持续了将近15年，在这个方面受过培训的教师非常高兴，认为咨询培训很有效，都不想放弃他们已经做了4年、6年或8年的咨询工作。

孩子们在咨询活动中获得双重的收益：问题儿童成为完整的人，他们学会了合作，获得了勇气。那些没有去咨询室的孩子也受益匪浅。当班上出现可能演变成问题的状况时，教师提议孩子们对此展开讨论，当然，教师要对讨论进行引导。孩子们参与讨论，充分表达自己的想法。他们开始分析该问题出现的原因，如班上的懒惰情况，最后得出结论。虽然某个懒惰的孩子并不知道他是大家谈论的话题，但是他能从讨论中学到很多东西。

这个总结表明了心理学和教育融合的可能性。心理学和教育是同一个现实和同一个问题的两个方面。若要引导心灵，必须了解心灵的运作机制。了解心灵及其运作机制的人才能运用自己的知识指导心灵达到更高、更具普适性的目标。

第十章
外部环境对儿童成长的影响

任何教育者或教师都不应该认为自己是孩子唯一的教育者。

外界的影响会涌入儿童的心理，直接或间接地塑造儿童。

外界可以通过影响父母的心理状态来影响儿童心理，外界的影响不可避免。

疾病的影响

个体心理学的心理学原理和教育视野广阔，并不会忽视“外部环境的影响”。古老的内省心理学太过狭隘，为了弥补内省心理学所遗漏的事实，冯特认为有必要建立一门新的科学，即社会心理学。而个体心理学却没有重建的必要，因为个体心理学既注重个性，又注重社会性。它既不拘泥于个体心理、排除环境对个体心理的影响，也不拘泥于环境因素、排除个体心理学对某些独特心理的重要意义。

任何教育者或教师都不应该认为自己是孩子唯一的教育者。外界的影响会涌入儿童的心理，直接或间接地塑造儿童。外界可以通过影响父母的心理状态来影响儿童心理，外界的影响不可避免。

首先，教育者要考虑经济状况对孩子的影响。有些家庭世代经济窘迫，始终挣扎在痛苦和悲哀中。这些家庭中的父母不可能教育孩子养成健康和合作的态度，因为他们的内心处于崩溃的边缘，整日感到惶恐不安，因此，他们不可能有合作的心态。

其次，我们也不能忘记，长期半饥饿的状态或恶劣的经济环境会对父母和孩子的生理状况产生影响，而生理影响反过来又会对他们的心理产生重要的影响。这种情况可以在战后欧洲出生的儿童身上看到。战后出生的孩子比前几代人难抚养得多。除了经济状况对这些孩子造成的影响之外，父母对生理卫生的无知也给孩子造成了一定的影响。父母对生理卫生的无知与父母胆小害羞、溺爱纵容的态度密切相关。父母一方面娇惯孩子，唯恐他们受一点罪；另一方面又粗枝大叶，例如，他们认为孩子脊柱弯曲会随着年龄的增长而消失，因此，他们没有及时请医生为孩子进行治疗和矫正。这当然是父母的错误，尤其是在具备医疗条件的城市里。身体状况不好如果得不到及时的治疗，会导致严重、危险的疾病，并留下心理创伤。任何疾病在心理上都是“危险的角落”，要尽可能加以避免。

如果这些危险的角落没有得到回避，我们可以通过培养儿童的勇气和社会意识来降低它的危害性。事实上，只有那些不具备社会意识的儿童，才会在心理上受到疾病的影响。与被溺爱的孩子相比，一个感知到自己是生长环境中一部分的儿童是不会受到危险疾病的影响的。

记载的病例显示，孩子的心理问题往往出现在他们得了百日咳、脑炎、舞蹈病之后。人们猜想这些疾病是导致心理问题的原因，但是疾病只不过引发了儿童潜在的性格缺陷而已。患病期间，孩子感受到自己的力量，发现自己可以通过生病控制家人。孩子从父母的脸上看到了恐惧和焦虑，知道都是因为他生病的缘故。病愈之后，他仍然想成为人们关注的中心，并试图通过各种突发奇想的要求来支配父母。当然，这种情况只发生在那些没有经过社会化训练的儿童身上，他们想以此来表达自己自私的追求。

另一个有趣的现象是疾病可以改善儿童的性格。这里有一位教师次子的案例。这位教师曾对这个儿子异常担忧，但却束手无策。这个孩子动辄离家出走，永远是班上成绩最差的学生。一天，他的父亲正准备把他送到管教所去，却发现他得了髋关节结核。这种病需要父母长时间的照顾。当他痊愈后，他变成家里最乖的孩子。这个男孩需要的是父母在他生病期间对他的额外的关照。他以前不听话，是因为他一直觉得自己生活在聪明哥哥的阴影中。由于他没有像哥哥那样得到家人的喜爱，他就不停地抗争。但是生病使他相信，他也可以像哥哥一样得到父母的喜爱，因此，他成为了一个乖小孩。

值得注意的是，疾病还常常会给孩子留下深刻的记忆。对于危险疾病和死亡的存在，儿童感到震惊不已。疾病在孩子心灵上留下的印记会在日后的生活中显现出来。我们发现有许多人只对疾病和死亡感兴趣，其中一部分人发现自己可以通过疾病发挥自己的兴趣和专长，他们可能是医生或护士。但是更多的人总是担惊受怕，因为疾病不断困扰着他们，并严重妨碍了他们的正常工作。研究了100名女孩的传记后发现，接近50%的女孩承认，她们生活中最大的恐惧就是想到疾病和死亡。

父母要注意避免让孩子过多地受童年时期疾病的影响。他们应该让孩子对这种情况有所准备，以免受到打击。父母要让孩子知道，生命固然有限，重要的是要活出意义来。

童年生活中另一个“危险的角落”是与陌生人、家庭的熟人或朋友会面。与这些人接触中的最大问题是，这些人实际上对孩子没有真正的兴趣。他们只是喜欢逗逗孩子开心，或做一些在短时间内对孩子产生较大影响的事情。他们过度夸奖孩子，让孩子变得自负起来。他们在短时间内百般纵容孩子，为孩子的教育者带来许多后续的麻烦。这些情况都应该避免。不应该让陌生人干扰父母的教育方法。

另外，陌生人常常会弄错孩子的性别，把男孩叫作“漂亮的小女孩”，反之亦然。这种情况也应该避免，我们将在“青春期”一章中讨论其中的原因。

家庭环境的影响

家庭环境对孩子的成长很重要，因为它让孩子看到家庭参与社会生活的程度。换句话说，它给予孩子关于合作的第一印象。那些生长在封闭家庭里的孩子会在家人和外人之间画上明显的界限，觉得有一条鸿沟把家庭和外界分割开来，当然他们会用充满敌意的目光来看外部世界。封闭的家庭不会增进社会关系，它使孩子疑心重重，只从自己的利益出发来看待外部世界。这样会阻碍孩子社会意识的发展。

孩子到了3岁时，就应该鼓励他们和其他小朋友一起做游戏，训练他们不怕陌生人。否则孩子以后会变得害羞、难为情，对其他人充满敌意。一般来说，这种特质通常会出现在被宠坏的孩子身上。这些孩子总想“排斥”其他人。

如果父母早一点矫正孩子的这些毛病，那么，孩子以后就会少很多麻烦。如果孩子在3、4岁之前受到良好的教养，被鼓励与其他孩子一同玩耍，并富有集体精神，那么，他们不仅不会害羞、自我中心，也不会患上神经症或精神病。只有那些生活封闭、对别人不感兴趣、无法与人合作的人，才会患上神经症和精神病。

当我们谈到家庭环境的话题时，我们应该提到经济状况的变故带来的问题。如果一个家庭曾经很富有（尤其是孩子小的时候），突然变得一贫如洗，就会对孩子产生明显的不利影响。这种情况对被宠坏的孩子来说尤其难以接受，因为他再也无法得到像以前那么多的关注了。他对过去养尊处优的生活无比留恋，对目前家道中落的处境抱怨不已。

如果一个家庭突然间暴富，也会对孩子的成长产生不利影响。因为父母不知道如何合理地使用这么一大笔钱，尤其不知道如何把钱花在孩子身上。他们想让孩子过上幸福的生活，于是溺爱孩子，因为他们觉得现在不需要吝啬钱财了。我们发现问题孩子多半出现在这些新近暴富的家庭里。暴富家庭出现问题孩子的例子不胜枚举。

如果能恰如其当地训练孩子的合作意识，那么，这些问题，甚至灾难都可以避免。以上提到的各种情形就像一扇扇敞开的大门，孩子借以逃避合作方面的训练，对此，我们尤其要关注。

孩子不仅会受到不正常物质环境的影响，如贫穷和暴富，还会受到异常心理环境的影响，如产生于家庭情境的心理偏见。这些偏见常常产生于家庭成员的个人行为，如父亲或母亲做了什么不光彩的事情，这将对孩子的心理产生极大的影响，致使他对未来充满害怕和恐惧。在与同伴交往的过程中，他会躲避同伴，唯恐被发现有这样的父母。

父母不仅有教育孩子阅读、写作和算数的责任，还要赋予他们健康的心理基础，这样，孩子就不会承受比其他孩子更大的困难。如果父亲是个酒鬼，或脾气暴躁，他必须记住自己的问题会影响到自己的孩子。如果婚姻不幸福、夫妻经常吵架，要知道为此付出代价的往往是孩子。

这些童年经历活生生地铭刻在孩子的心灵里，让他们难以忘却。如果孩子接受过与他人合作的训练，那么，他就可以消除这些影响。但是给孩子制造麻烦的情境不可能让孩子从父母那儿接受这方面的训练。这就是近年来兴起在学校开办儿童咨询诊所联合运动的原因。如果父母由于这样或那样的原因，没有履行自己的职责，那么，必须要有经过心理学训练的教师担负起父母的职责，指导孩子走向健康的生活。

除了产生于个人之间的偏见外，还有产生于不同国家、种族和宗教之间的偏见。这些偏见不仅会伤害受侮辱的孩子，还会影响实施侮辱的孩子。侮辱他人的孩子傲慢自负，他们相信自己属于特权群体。他们努力争取为自己设定的特权，但往往以失败告终。

国家和种族之间的偏见当然是战争的根源，战争是人类最大的灾难。如果要拯救人类的进步和文化，就必须消灭战争。教师要告诉孩子战争的真相，而不是给孩子舞枪弄棒等毫不费力、廉价的机会来表达对优越感的追求。这不是为文明生活应做的准备。许多男孩参军，是因为儿童时代军事教育的结果。除了参军之外，还有许许多多的孩子因为受儿童时期战争游戏的影响，而导致在以后的生活中心理不健全。他们在生活中像斗士一样，总是寻衅闹事，从不学习与人相处的艺术。

在圣诞节和其他给孩子赠送礼物的日子里，父母要尤其注意给孩子准备什么样的礼物。父母应该杜绝让孩子玩一些兵器玩具和战争游戏，以及阅读一些崇尚英雄和战争的书籍。

至于如何选择适当的玩具，有许多东西要讨论，但原则是我们应该选择那些能激发孩子合作精神和建设性意识的玩具。人们不难理解，让孩子亲手组装玩具比玩那些现成的玩具更有意义，如布娃娃或玩具狗。顺便指出，要教育孩子尊重动物，把动物当作人类的朋友，而不是玩具。教育他们既不要害怕动物，也不要对动物发号施令或残忍地对待它们。当孩子虐待动物时，我们便可以怀疑他们有一种欺善凌弱的倾向。如果家里养了鸟、狗和猫，我们要教育孩子把它们看作是和人类一样能感受到痛苦的生物。孩子学会与动物友好相处是为今后与他人进行合作做好准备。

亲戚的影响

在孩子成长的环境中总会有一些亲戚。首先是祖父母。我们不得不以公正的态度来看待祖父母的困境。祖父母在我们的文化中具有悲剧色彩，随着年龄的增长，他们本应该有更大的发展空间，应该有更多的工作和兴趣，但在我们的社会中却刚好相反。老年人往往感到被晾到一边，被赶到角落里。这非常可惜，因为老年人还可以做更多的事情，如果有工作和追求的机会，毫无疑问，他们会更快乐。我们不应该让60岁、70岁，甚至是80岁的人退休，因为继续从事他的职业比让他改变人生计划要容易得多。但由于我们错误的社会习俗，我们把仍然充满活力的老人闲置一边，不给他们继续表现自我的机会。那么，接下来会发生什么呢？我们在祖父母身上犯的错误就会造访我们的孩子。祖父母一直要证明（其实他们无需证明）他们活在世上还有用。为了证明这一点，他们总是干涉孙辈的教育。他们极度溺爱孩子，用一种近乎灾难性的方式证明他们懂得如何教养孩子。

我们应该尽量避免伤害这些心地善良的老年人的感情。如果我们给他们更多的活动机会，我们要告诉他们孩子应该成长为独立的人，而不是成为其他人的玩物。也不应该利用老年人来解决家庭危机。如果老年人与孩子的父母发生争执，无论他们是输是赢，都不应该把孩子拉到自己的阵营中去。

在研究有心理疾病患者的病史时，我们经常发现这些心理病患者曾经是祖父或祖母最宠爱的孩子，祖父母的疼爱是导致他们成为童年问题的原因。祖父母的疼爱要么意味着溺爱，要么意味着挑起孩子之间的敌意和妒忌。许多孩子说："我的祖父最喜欢我。"如果发现自己不是其他人最喜欢的孩子，就会感到很受伤。

还有一类亲戚对孩子的成长起重要的作用，他们就是孩子"聪明的表兄弟姐妹"。"聪明的表兄弟姐妹"也会为孩子的成长带来烦恼。他们不仅聪明，而且漂亮。显而易见，当人们对一个孩子提起他有一个聪明或漂亮的表兄弟或表姐妹时，会给他带来很大的苦恼。如果他自信心强且具有社会意识，那么他就能理解聪明无非意味着受到了更好的训练，他会想方设法超过这位聪明的表兄弟或表姐妹。但如果他像大多数人那样，认为聪明是大自然的馈赠、是天生的，那么，他就会感到自卑，感到命运不公。这样，他的整个成长过程就会受到阻碍。

美貌当然是大自然的馈赠，但在我们的文明中被不断地夸大。我们可以从儿童的生活方式中看到这种错误，每当孩子想到自己有一位漂亮的表兄弟或表姐妹就感到痛苦不已。甚至20年之后，人们仍然能强烈地感受到童年时期对漂亮表兄弟或表姐妹的嫉妒之情。

破除对美貌狂热崇拜的唯一方式是，教育儿童认识到健康和与人相处的能力比美貌更重要。我们并不反驳貌美的价值。相对于丑陋的人，我们更希望得到漂亮的人。但在对生活进行理性规划时，不能把一种价值与其他价值割裂开来，并把它奉为至高无上的目标。人们在对待美貌的问题上，就是如此。美貌并不足以让人们过上理性和幸福的生活。我们发现罪犯中除了有长相丑陋的孩子，还有一些长相漂亮的孩子。我们可以理解为什么这些漂亮的孩子走上犯罪的道路。他们知道自己长得漂亮，便认为可以坐享其成，没有为生活做好充分的准备。然而，当他们后来发现不经过努力不能解决自己的问题时，于是，就选择了一条阻力最小的道路，正如诗人维吉尔所说的，“通往地狱之路最容易。”

儿童读物

这里要谈谈儿童读物。什么样的书可以给孩子读？如何处理童话故事？如何给孩子读像《圣经》一样的书？主要的问题是我们通常忽视了孩子对事物的理解与成年人完全不同，我们也忽视了孩子是根据自己的兴趣来理解事物的。如果他是个胆小的孩子，他就会发现《圣经》和童话故事对他的胆小表示认同，使他永远惧怕危险。童话故事和《圣经》中的段落要加上评论和解释，这样孩子才能理解其真正意义，而不是靠主观来臆测其中的意义。

童话故事当然是令人享受的读物，甚至成年人都能从中受益。但有一点需要指出，即童话具有特殊年代、特殊地方的遥远感和时空感，而孩子一般很难理解时代差异和文化差异。他们阅读的童话故事是在完全不同的年代里创作的，但他们并没有考虑到其中不同的世界观。童话故事中总会有一个王子，这个王子总是受到人们的赞誉和美化，他的整体人格以一种迷人的方式被展现出来。故事中描述的环境根本不存在，但这种理想化的虚构在崇尚王子的年代却是必要的。我们应该告诉孩子魔法背后是人们的想象，否则在成长的过程中，他们就会用简便易行的方式来解决问题。例如，当我们问一个12岁的男孩子以后想成为什么样的人，他的回答是："我想当一名魔术师。"

如果加上适当的评论，童话故事可以被当作为孩子灌输合作意识和扩大视野的媒介。至于电影，带1岁的孩子看电影应该不会有什么危险。不过稍大一点的孩子可能就会误解电影的内容了。他们也经常误解童话故事。一个在剧院观看了童话故事的4岁小孩，许多年之后，可能仍然相信世上有兜售毒苹果的妇人。许多孩子不能正确地理解故事的主题，或者他们对故事仅做出草率的概括。父母应该向他们解释故事情节，直到他们自己能够正确理解为止。

应该避免报纸给孩子带来的外在影响。报纸的内容是写给成年人，而不是小孩看的。有些报纸是为儿童办的，这当然是件好事。但一般的报纸给没有为生活做好充分准备的孩子呈现了一幅幅扭曲的生活画面。孩子会认为生活中充满了谋杀、犯罪和事故，尤其是事故报道会让孩子感到压抑。我们可以从一些成年人的谈话中看出，他们在童年时期非常害怕火灾，这种恐惧持续地占据他们的心灵。

上面所列举的例证只构成了外界对孩子影响的一小部分，然而它们却十分重要，因为它们说明了一般性原则。父母和教育者在儿童教育中应予以考虑。个体心理学一再坚持自己的标语："社会利益"和"勇气"。这两个标语同样适用于其他问题。

第十一章
青春期和性教育

处于青春期的每一个孩子都觉得自己正面临一个考验，即必须证明自己不再是一个孩子。这无疑是一种非常危险的情感，因为每次当我们要证明什么的时候，往往会过犹不及。孩子更是如此。

青春期问题

关于青春期的书籍多不胜数，青春期这个话题的确很重要，但并不像人们想象的那么重要。青少年的表现各不相同，我们在班上会发现各种类型的孩子：有的孩子勤勉向上，有的孩子笨拙不堪；有的孩子穿戴整齐，有的孩子邋里邋遢。我们也发现有些成年人，甚至一些老年人行为举止仍然像青春期的孩子。个体心理学认为这并不令人惊讶，这只不过反映了这些成年人在某个发展阶段已经停滞不前了。个体心理学认为青春期是所有人都必须经历的一个发展阶段。我们不认为任何发展阶段或任何情境可以改变一个人。但新的情境可以起到测试作用，可以让青少年在过去形成的性格特征显现出来。

例如，有些孩子童年时期被看管得太严，没有享受到多少权利，也没有机会表达自己的诉求。在青春期，经历了快速的生理和心理发展后，这些孩子的言行举止就好像挣断了锁链一般，他们快速进步，人格朝着正确的方向发展。有些孩子却在青春期停滞不前，他们回顾并留恋过去，找不到当下正确的成长之路。他们对生活提不起兴趣，变得寡言少语，没有表现出在青春期要宣泄童年时期被压抑能量的迹象。他们在童年时期被溺爱，没有为生活做好准备。

当孩子处在青春期时，我们可以更好地理解他的生活方式。原因是孩子在青春期比在童年时期能更加近距离地接触生活。我们可以观察到他对科学的态度，是否易于与他人交朋友，是否能成为一个关心他人的人。

处在青春期的孩子关于社会兴趣的表现形式有时候非常夸张，他们失去了平常心，一心只想为他人牺牲自己的生命。过度强烈的社会兴趣也会阻碍他们的发展。我们知道，一个人对他人感兴趣，要为公共事业奋斗，他必须首先得把自己的事情做好，他必须有东西可以奉献给大家。

另一方面，我们看到许多14至20岁的青少年失去了与社会连接的纽带。他们14岁时离开学校，与老朋友失去联系。他们要花很长的时间才能建立起新的人际关系，与此同时，他们感到自己与世隔绝。

接下来谈谈职业问题。一个人的职业态度会在青春期显现出来。我们发现有些年轻人很独立，工作非常出色，这表明他们走上了健康发展的道路。然而，有些人则在青春期停止了成长。他们找不到适合自己的职业，不断地折腾，不是换工作就是换学校；或者整天游手好闲，无所事事，根本不想工作。

这些问题都不是在青春期产生的，只不过在青春期浮出水面而已，这些问题实际上在过去就已经形成了。如果我们真正了解一个孩子，那么，就能预测他在青春期的表现。因为相对于被密切关注、被严加守护以及备受限制的童年时期，在青春期，孩子有更多的、更独立的表现自己的机会。

我们现在转向生活中第三个最根本的问题——爱情和婚姻。青少年对这个问题的回答反映了他什么样的人格呢？他们的答案与前青春期有密切的联系，只不过青春期强烈的心理活动使答案变得更加清晰罢了。我们发现有些青少年非常确信自己对爱情和婚姻应该有什么样的行为表现。对待爱情，他们要么很浪漫，要么很勇敢。这两种方式都表明他们找到了对待异性的正确方式。

有些青少年则处于另一个极端，他们对性的问题表现得异常羞怯。当他们接近真实的生活时，他们表现出没有对生活做好充分的准备。他们在青春期表现出来的人格可以使我们对他们将来的生活做出可靠的判断。如果要改变他们的未来，我们就知道该做些什么。

如果一个青少年对异性表现出非常消极的态度，只要我们追溯他过去的生活，我们就会发现他原先可能是一个好斗的孩子，也许因为其他孩子受宠，他感到非常沮丧。因此，他认为现在他必须勇往直前，必须目空一切，拒绝一切情感的召唤。他对性的态度实际上反映了他童年的体验。

我们常常发现处在青春期的孩子想离家出走。这也许因为他们对家庭条件感到不满，渴望与家庭断绝关系。他不再想得到家庭的支持，尽管持续的支持对孩子和父母来说都有好处。否则，万一孩子出了什么问题，父母没有为孩子提供帮助就会成为孩子失败的借口。

同样的倾向也表现在那些住在家里，但晚上却想方设法在外面过夜的孩子身上，只不过程度要轻一些。对孩子来说，晚上出去找乐子当然比呆在家里更有诱惑力。孩子的行为实际上是对家庭无声的指控，因为在家里总是被严加管教，他们感到不自由。他们从没有机会表达自我，也没有机会发现自己的错误。青春期是孩子开始表现自我的危险期。

许多孩子强烈地感受到，青春期的他们突然失去人们对自己的欣赏。也许他们原来在学校是好学生，受到老师的高度赞扬，然后突然转到一所新学校、一个新环境或一个新职业。许多优秀的学生在青春期不再继续保持优秀。他们似乎经历了一场变化，但实际上并没有发生变化，只是旧环境不像新环境那样能真实地显现他们的性格罢了。

由此可知，预防青春期问题最好的方法是在孩子之间培养友谊，让孩子彼此成为好朋友或好伙伴。友谊的培养可以发生在家庭内部成员之间，也可以是家庭外部成员之间。孩子应该信任父母和教师。在青春期，只有那些被孩子信赖，并成为孩子朋友的父母和教师才能指导孩子的成长。不被孩子信任的父母或教师则会被孩子拒之门外，孩子不信任他们，把他们当作局外人，甚至是敌人。

我们发现有些处在青春期的女孩表现出不喜欢女性角色的倾向，她们喜欢模仿男孩的一举一动，当然模仿青春期男孩的恶习，如抽烟、喝酒、加入团伙，比养成辛勤工作的美德要容易得多。这些女孩还会找借口说，如果她们不模仿这些行为，男孩就不会对她们产生兴趣。

如果我们对青春期女孩的男性倾慕进行分析，就会发现她们从孩提时就不喜欢女性角色，只是这种厌恶被掩盖了，直到青春期才明显地表现出来。因此，观察青春期女孩的行为至关重要，因为我们可以发现她们如何对待自己今后的性别角色。

处于青春期的男孩通常喜欢扮演聪明、勇敢、自信的男性角色。但是，有些男孩害怕自己的问题，不相信自己是真正的男子汉。如果过去对他们进行的男性教育存在缺陷，那么缺陷在青春期就会暴露出来。他们会表现得非常柔弱，行为举止像女孩一样，他们甚至会模仿女孩的一些坏习惯，如卖弄风骚，扭捏作态等。

与这些女性化男孩相似，有些男孩却过度地表现出男性特质，把男性特质发展到极致，他们酗酒、纵欲。为了炫耀男子汉气概，他们甚至走上犯罪的道路。这些恶习通常发生在那些想获得优越感、想成为领导者、想令伙伴们咋舌的男孩身上。

尽管这一类男孩逞强好胜、野心勃勃，但他们的内心却懦弱无比。近来就有一些这样的臭名昭著的例子，如希克曼、利奥波德和勒布。如果我们仔细研究他们的人生，就会发现他们总是在寻找一种安逸的生活。他们虽然活跃却缺乏勇气，这恰恰是犯罪的特征。

我们经常发现处在青春期的孩子有第一次打自己的父母的经历。如果不看背后隐藏的人格统一性，我们会认为这些孩子突然变了。但如果我们对以前发生的事情进行研究，就会意识到他们的性格一贯如此，只是他现在有了更多的力量和更多的可能性来实施这种行为。

值得注意的另一点是，处在青春期的每一个孩子都觉得自己正面临一个考验，即必须证明自己不再是一个孩子。这无疑是一种非常危险的情感，因为每次当我们要证明什么的时候，往往会过犹不及。孩子更是如此。

这是青春期孩子的主要表现。解决问题的方法是，告诉青少年不必向我们证明他们不再是孩子了，我们不需要这种证明。这样，我们才有可能避免他们的过激行为。

我们还经常发现这样一类女孩：她们倾向于夸大性关系，把自己变成花痴。这些女孩总是与自己的母亲干仗，总认为自己受到压制（也许是真的受到压制）。她们与遇到的任何男人发生关系，借此发泄对母亲的不满。一想到母亲发现她们的所作所为后痛苦不已，就感到非常开心。许多女孩往往是在与母亲吵架或不满于父亲的严苛离家出走之后，第一次与男人发生性关系。

具有讽刺意味的是，那些对女儿严加管教的父母，本希望她们成为好女孩，没有想到她们却变成坏女孩。这是父母缺乏心理洞察力造成的。错误不在这些女孩，而在她们的父母，因为父母没有让女儿为今后的新情境做好准备。青春期前这些女孩被过度保护，没有形成应对青春期诱惑的判断力和自主性。

有时候这些问题没有在青春期出现，而是出现在青春期之后，如婚姻。但其中的原理是一样的。有些女孩子很幸运，没有在青春期遭遇不利情境。但不利的情境迟早会出现，因此，有必要为此做好准备。

这里用一个案例来详细说明青春期女孩的问题。案例中的女孩15岁，来自一个贫困的家庭。不幸的是她有一个长期患病的哥哥，需要母亲的照顾。女孩从小就注意到母亲对她和哥哥的关注不一样。让事情变得复杂的是，她出生时，父亲也在患病，因此，母亲既要照顾父亲，又要照顾哥哥。这个女孩身边有被照顾和得到关注的双重例子，因此，她极其渴望得到人们的照料和欣赏。她在家庭圈子里找不到这种欣赏，尤其是妹妹的突然降临剥夺了她仅有的一点关注。如同命运的安排一般，妹妹出生后，父亲就痊愈了，因此，妹妹得到的关注比她在婴儿时期得到的关注多得多。孩子一般都会觉察到这些事情。

这个女孩为了弥补父母关注的缺失，在学校里非常努力。她成为班上最优秀的学生。由于学习成绩好，老师建议她继续学习，去读中学。但她进入中学后，情况发生了变化。她的成绩不是那么好了，因为新老师不认识她，没有特别地欣赏她。而她却渴望得到这种欣赏，但现在她在家里和学校里都得不到欣赏了。她不得不在其他的地方找到这种关注，于是她出去找到一个欣赏她的男人。她与这个男人同居了两周，后来这个男人很快就厌倦了她。我们可以预测接下来发生的事情，我们也可以预测她意识到自己想得到的并不是欣赏。与此同时，她的家人非常着急，开始四处寻找她。突然他们收到她的一封信，信中说："我服毒了。别担心，我很幸福。"在追求幸福和欣赏遭遇失败后，很显然她想到的是自杀。然而，她并没有自杀。她只是用自杀恐吓自己的父母，以此获得他们的原谅。她继续在街上游荡，直到她母亲找到她，把她带回家。

我们知道，如果这个女孩意识到她的整个生命都是被追求他人的欣赏所左右，那么，这一切就不会发生。如果她的中学老师意识到她一直是个好学生，她需要的只不过是一点点欣赏，这个悲剧就不会发生。如果在事情的某一个环节采取适当的措施，就会阻止这个女孩走向毁灭。

性教育问题

接下来要谈谈性教育的问题。性教育近年来被极度地夸大了，许多人对性教育问题的思考到了丧失理智的地步。他们主张在每一个年龄段都要对孩子进行性教育，过分渲染了性无知带来的危险。不过，如果我们观察一下我们自己和其他人的过去，我们并没有发现有什么大的问题，也没有发现他们想象中巨大的危险。

个体心理学的经验教导我们，在孩子2岁时，就要告诉他（她）是男孩，还是女孩，另外还要向孩子解释，他（她）的性别是不可以改变的，男孩长大成为男人，女孩长大成为女人。如果做到了这一点，那么，即使缺乏其他知识也不会给孩子带来太大的危险。如果让孩子明白，女孩不能当男孩教育，男孩不能当女孩教育，那么，性角色就会固定在孩子的头脑里，他就会以正常的方式发展并为自己的性别角色做好准备。如果他相信能通过某种小把戏改变性别，那么麻烦就来了。如果父母总是表达要改变孩子性别的愿望，也会给孩子带来麻烦。《孤寂深渊》对这种情境做了非常精彩的描述。父母经常喜欢把女孩当男孩来教育，或反之亦然。他们让孩子穿上异性的服装，为他们拍照。有时候有的女孩长得像男孩，周围的人便以男孩称呼她，这会给孩子带来很大的困惑。这种情况一定要加以避免。

也要避免给孩子灌输任何关于男尊女卑的论调，要让孩子理解两性平等的观念。这不仅可以预防被贬性别产生自卑感，还可以阻止对男孩产生不利影响。教育男孩不要自以为是、认为自己比女孩更优越，他们就不会将女孩当作泄欲的对象。也不会用丑陋的眼光看待两性关系。

换句话说，性教育的关键问题不仅要向孩子解释两性关系的生理知识，还涉及到要为孩子养成对爱和婚姻的正确态度做好适当的准备。对爱情和婚姻的态度与社会适应性密切相关。如果一个人的社会适应性不好，他就会将性视同儿戏，用自我放纵的态度看待一切。这种情况时常发生，反映了我们文化中存在的缺陷。女性是受害者，因为在我们的文化中，男性很容易发挥主导作用。其实男性也是受害者，因为男性自我虚构的优越感使他们脱离了内在的价值。

孩子没有必要过早地学习生理知识，也没有必要过早地接受性教育。可以等到孩子开始感到好奇，想知道这方面的事情时，再告诉他们。如果孩子过于羞怯不好意思提问，对孩子关注的父母应该知道什么时候主动告诉孩子。如果孩子觉得父母是自己的朋友，他们就会主动问这方面的问题。父母要用孩子能够理解的方式将答案告诉他们，一定要避免给出可能刺激孩子性冲动的答案。

如果孩子有明显的性早熟表现，也不必感到大惊小怪。其实，性发育很早就开始了，事实上，在婴儿出生后几周内就已经开始了。婴儿能体验到性快乐，这一点是毋庸置疑的，有时候他们会故意刺激性的敏感区域。如果看到这种端倪，我们不要感到惊慌，但我们要尽力制止这种做法，但同时又不要大惊小怪。如果孩子发现我们对他们的行为感到担心，那么，他们就会继续这样做，以引起我们的关注。孩子的这种行为使我们想到他们是性欲的牺牲品，实际上，他们只不过是借此炫耀自己。一般来说，小孩喜欢玩弄自己的性器官来获得父母的关注，因为他们知道父母害怕他们这样做。这与孩子装病的心理是一样的，因为他们注意到生病时能备受父母的宠爱和欣赏。

为了避免刺激孩子的身体，不要过多地亲吻和拥抱他们。这实际上对孩子很残忍，尤其是处于青春期的孩子。也不要用带有性的主题的东西来刺激孩子的心理。孩子经常会在父亲的藏书中会发现轻浮的图片，我们在心理咨询诊所常常听到这种案例。不应该让孩子接触一些超出他们年龄的有关性方面的图书，也不应该带孩子去看关于性主题的电影。

如果能避免这些过早的性刺激，我们就没有什么值得担心的了。只要在合适的时间给予孩子简单的解释就可以，不要刺激孩子，要给予他们真实、简洁的回答。如果我们想拥有孩子信任，最重要的一点是不能向孩子撒谎。如果孩子信任父母，他就会对从伙伴中听到的解释大打折扣（也许90%的人是从各自的朋友那里获知到性知识），而相信父母的解释。亲子之间的相互合作、朋友关系比那些在解答性问题时所使用的花招和借口要重要得多。

过多或过早体验性的孩子，后来通常都会对性失去兴趣。这就是要避免孩子看到父母做爱的原因，如果可能的话，不要让孩子跟父母睡在一个房间里，更不要睡在一张床上。兄弟姐妹也不要睡在一个房间里。父母要留意孩子的行为是否得当，同时也要注意外界对孩子的影响。

以上总结了性教育最重要的方面。性教育就像教育的其他方面一样，家庭中的合作和友爱起到至关重要的作用。有了这种相互合作，有了早期关于性角色和男女平等的知识，孩子就能应对将来遇到的任何危险，以一种更健康的姿态生活。

第十二章
教育的失误

个体心理学认为，要努力给孩子更多的勇气和信心，
从而激发他们的智力发展。要教导他们，困难不是不可逾越的障碍，
困难是可以被克服的。

一个成功的案例分析

父母或教师在教育儿童时，千万不能让他们丧失信心。父母或教师不能因为自己付出的努力没有达到立竿见影的效果就失去希望；不能因为孩子无精打采、无动于衷或消极被动，就断言孩子一定会失败；也不能让自己相信有天才儿童和愚笨儿童之分的迷信说法。个体心理学认为，要努力给孩子更多的勇气和信心，从而激发他们的智力发展。要教导他们，困难不是不可逾越的障碍，困难是可以被克服的。虽然努力并不总是伴随着成功，不过许多成功的案例对那些没有取得预期结果的努力进行了补偿。以下就是一个我们的努力获得回报的案例：

案例中是一个12岁的男孩，读小学6年级。他的成绩很糟糕，但他却毫不在乎。他的过去很不幸，因为患有佝偻病，直到3岁才学会走路。3岁末的时候，才开始说几句话。4岁时，他的母亲把他带到一位儿童心理学家那儿寻求帮助，被告知没有任何改善的希望。然而，他的母亲并没有相信这位心理学家的话，而是把他送到一家儿童指导学校。在儿童指导学校，他进步很慢，没有得到太多的帮助。当这个男孩6岁时，大家认为他可以上学了。在上学的头两年，由于他在家里接受额外的辅导，所以能通过学校的考试。他努力读完了3年级和4年级。

这个男孩在学校和在家里的表现如下：他在学校里由于懒惰而引人注目。他抱怨自己不能集中注意力，不能专心听讲。他与同学合不来，经常被同学取笑，他总是表现得比其他人孱弱。在同学中，他只有一位他最喜欢的朋友，并经常与那位朋友一同散步。他发现其他同学不友好，很难与他们接触。老师也抱怨说，他的算术很差，也不会写作。尽管这样，老师还是相信他能取得与其他同学一样的成绩。

从孩子的过去以及他取得的成绩来看，我们清楚地意识到对这个男孩的治疗建立在一个错误的诊断上。这个男孩实际上是被一种严重的自卑感或自卑情结所折磨。他有个哥哥很优秀。他的父母认为他的哥哥不费吹灰之力就可以上中学。父母喜欢说自己的孩子不用学习就很不错，孩子们也喜欢这样吹嘘。很显然，不经过努力想学到东西是不可能的。哥哥可能是养成了认真听讲、记住了在学校学到的一切、在教室里完成作业的好习惯。那些在学校不专心的孩子不得不花更多的时间在家里学习。

这两个男孩之间的差别有多么大！案例中的男孩长期生活在不如哥哥、比哥哥差的压迫感中。他可能经常听到母亲生气时这样对他说，如果他不服从哥哥，哥哥就会踢他。他的哥哥也经常叫他傻瓜、白痴。结果再明显不过了：这个男孩认为自己不如他人，生活也证实了这一点。他的同学嘲笑他，他的学习一塌糊涂，他无法集中注意力，每一个困难都能把他吓倒。他的老师也不时地提醒他说，他不属于这个班、不属于这个学校。难怪这个男孩最终相信自己无力避免陷入目前的境遇，相信其他人对他的看法是正确的。一个孩子对自己如此灰心丧气，对未来失去信心，这是多么地可悲！

我们很容易观察到这个男孩已经丧失了信心，并不是因为当我们欢快地跟他交谈时，他开始浑身颤抖、脸色变得苍白，而是从一些微小的迹象中看出这一点。当我们问他几岁时（我们知道他12岁），他回答说11岁。这绝不是一个失误，因为大多数孩子都能清楚地记得自己的年龄。这种错误有它内在的原因。如果考虑到孩子过去的生活经历，然后联系到他对年龄的回答，我们就会得出这样的印象，即他试图重新唤回过去的记忆。他想回到过去，回到他更小、更弱和更需要帮助的过去。

我们可以从掌握的情况来建构他的人格系统。这个孩子不是通过取得跟同龄人一样的成就来拯救自己，而是通过表现出自己没有别的孩子发展全面、无法与他们竞争来聊以自慰。这种落后他人的感觉表现在他减去自己的年龄。他回答自己的年龄是11岁，但在某些情况下，他的行为举止更像一个5岁的孩子。他坚信自己不如别人，并尝试调节自己的行动，使之与自己认定的落后状态相匹配。

这个孩子大白天还尿裤子，他也无法控制自己的大便。当一个孩子相信或认为自己还是一个婴儿，这些状况才会出现。这证实了我们的想法，即这个男孩子抓住过去不放，如有可能，就想回到过去。

在男孩出生之前，家里有一位保姆。保姆与男孩的关系非常亲密，一有空隙，保姆就代替他的母亲照顾他。我们因此可以得出更多的结论。我们知道男孩过去怎样生活，知道他不愿意早起。家人带着厌恶的表情向我们描述他要花多长时间才能起床。我们得出的结论是这个男孩不愿意上学。一个不能与同学友好相处、总是感到压抑、不相信自己能有所作为的孩子不可能喜欢上学。结果是，他不想准时起床去上学。

然而他的保姆却说他很想上学，说他最近生病时，还请求要去上学呢！这与我们说的一点也不矛盾，问题是保姆怎么能犯这种错误呢？这个情况再清楚不过了，也很有意思。当这个男孩生病时，他说想去上学，因为他明知道保姆会说："你生病了，不能上学。"然而，他的家人似乎并不理解这种表面上的矛盾，因而不知所措，不知道该怎么办。我们还多次观察到，他的保姆根本无法理解他的内心活动。

父母把孩子带到我们这里接受治疗，是因为之前发生了一件事：他偷了保姆的钱去买糖吃。他的这个行为完全像一个小孩子。拿钱去买糖本身就是孩子气十足的表现。许多小孩子在他们不能控制自己对糖果的贪欲时都这么做，他们同样也不能控制自己的身体功能。这种行为的心理学含义是："你必须监视我，否则我会做淘气的事。"这个男孩不断地出一些状况，想得到其他人的关注，因为他对自己没有信心。我们比较了他在家里和在学校里的情况，两者之间有明显的联系。在家里，他可以让其他人围着他转，但在学校，他做不到。谁能矫正这个孩子的行为呢？

这个男孩被带到我们这里之前，大家都认为他是一个落后、自卑的孩子。但是他不应该被归入这个类别。只要他重拾信心，他完全是一个正常的孩子，能够取得跟同学一样的成绩。他总是用悲观的眼光看待一切，在尝试迈开步子之前就已经接受失败。他缺乏自信表现在每一个举止上，老师的评语也证实了这一点："不能集中注意力；记忆力差；不专心；没有朋友等。"他的不自信如此明显，以至于所有人都可以看到。他的处境也很不利，因此他很难改变自己的看法。

在填写个体心理学问卷之后，接下来开始进入咨询环节。我们不仅要和这个男孩谈话，还要和许多其他的人进行谈话。首先，是他的母亲。母亲对他早已放弃了希望，只想让他勉强完成学业，以后随便找份工作。之后，我们咨询了他的哥哥，发现他哥哥对他极为蔑视。

当我们问他"长大以后你想干什么"时，这个男孩无言以对。这种情况太不正常了。一个半大的孩子竟然不知道自己今后干什么令人生疑。很多人的确没有从事孩提时选择的职业，不过没关系，他们至少被这个想法所牵引。小时候孩子想长大后当司机、看门人、指挥等在他们看来具有吸引力的职业。但如果一个孩子没有物质目标，他有可能把目光从未来移开，转向过去。也就是说，回避未来和任何与之相关的问题。

这似乎与个体心理学的基本主张相矛盾，我们总在说儿童具有追求优越感的特征，试图证明每一个孩子都想展现自己，想比其他人强大，想有所成就。突然间站在我们面前的这个孩子与我们的主张恰恰相反：他退缩不前，希望自己变成小孩，希望得到别人的帮助。我们如何解释这个现象呢？心理活动的变化不是简单的，它们有着复杂的背景。如果我们就复杂的案例得出简单的结论，我们就会犯错误。所有复杂的事物都有许多招数，会辩证地走向其相反的方向。例如，这个男孩不断挣扎着倒退，因为这样他才觉得最安全，最强大。如果不了解这个孩子的整体情况，这个现象就令人费解。实际上，这些孩子虽然没有错，但让人觉得好笑。这些孩子在年幼、弱小、无助的时候更强大，更具支配力，因为人们对他们没有要求。对自己失去信心的孩子害怕自己不能有所成就。我们能否假定他愿意面对一个对他有所期待的未来呢？他一定会逃避任何检验他作为个体的长处和能力的情境。于是，他的活动范围变得极为有限，该范围内的活动对他也没有什么要求，他只能追求到少量的认可，就像他是小孩子时得到的认可一样。

教师的支持

我们不仅要与这个男孩的教师、母亲和哥哥谈话，还要与他的父亲和其他的教师谈话。这种咨询需要大量的工作，不过，如果我们赢得教师的支持，就会省去很多力气。虽然有可能赢得教师的支持，但这不是一件容易的事。许多教师紧紧抓住旧方法和旧观念不放，认为心理测试是另类的东西。许多教师害怕心理测试将使他们失去权力，认为心理测试对学校教育是毫无正当理由的干预。当然不是这么回事。心理学不是一蹴而就的学问，是一门需要研究和实践的科学。如果人们用错误的观点来看待心理学，那么，心理学对他们也不会有什么价值。

宽容是一种必要的品质，尤其对教师来说更是如此。对新的心理学思想持开放的心态是明智的，即使它们与我们当前的观点相矛盾。在当前的形势下，我们没有权利断然否定教师的观点。那么，在这种困境下，我们应该怎么办？根据我们的经验，无需对这个孩子做什么，只要把他带出困境，即让这个孩子转学就可以了。在这个过程中，谁也不会受伤。事实上，没有人知道发生了什么，但是孩子却卸下了负担。他进入了一个全新的环境，会努力做好自己，以免其他人对他做出不好的评价，以免其他人看不起他。如何具体去操作，很难解释清楚。家庭环境与此有很大的关系。每个案例需要区别对待。然而，如果有一大批精通个体心理学、能用同理心来看待这些孩子并愿意在学校帮助这些孩子的教师，那么，这些孩子的问题解决起来就会变得容易得多。

第十三章
对父母的教育

父母不像教师那样容易接受新思想，因为教师对儿童教育具有职业兴趣。个体心理学把为孩子的明天做好准备的希望主要寄托在改变学校和教师上，尽管从来不排斥父母的合作。

父母与教师的教育冲突

我们在几个场合都曾提到过，这本书是为父母和教师写的，该书中有关儿童心理生活的新见解应该让他们受益匪浅。上一章分析的那个案例中的男孩，他的教育和发展是在父母的帮助下进行，还是在教师的帮助下进行都没有关系，只要孩子接受了适当的教育就可以了。我们这里指的是课外教育，而不是指课程的学习，人格的发展才是教育中最重要的部分。虽然现在父母和教师都对孩子的教育工作有所贡献，父母矫正了学校教育的不足，教师矫正了家庭教育的不足，然而，在大城市中，在现代社会和经济条件下，一大部分的教育责任还是落在了教师的身上。总体上来说，父母不像教师那样容易接受新思想，因为教师对儿童教育具有职业兴趣。个体心理学把为孩子的明天做好准备的希望主要寄托在改变学校和教师上，尽管从来不排斥父母的合作。

教师在教育工作中不可避免地会与父母发生冲突。教师矫正性的工作意味着父母教育的失误，因此冲突在所难免。从某种意义上来说，教师的教育就是对家长的指控，家长经常会有这样的感觉。在这种情况下，教师如何处理好与父母的关系呢?

下面让我们来讨论这个问题。该讨论从教师的角度出发，把父母视作有心理问题且亟待解决的群体。如果父母看到这种探讨，请不要生气，因为该探讨只适用于那些不明智的父母，他们是一个教师不得不面对的群体，已形成一种大众现象。

许多教师说与问题儿童的父母打交道比与问题儿童打交道难得多。这个事实说明，与父母打交道时，教师要有一定的策略。教师的行为是以父母对孩子的坏品行不负责任为前提的。父母没有教育技巧，他们只是按照传统的方法来教导孩子。当他们因孩子的问题被叫到学校时，感觉自己像被指控的罪犯一样。这种情绪流露了他们内心的负罪感，这种情况需要教师妥善地处理。教师要尽量让父母的情绪变得友好、坦率起来，要拿出帮助父母的姿态，以得到父母好心和善意的支持。

即使有正当理由也绝对不能指责父母。如果我们与父母能建立一个约定，能说服他们改变态度，使他们按照我们的方法行事，那我们就能获得更多的收效。只指出他们在孩子教育中存在的错误是无济于事的。我们要让他们采取新的教育方法。一般来说，孩子变坏有一个过程，冰冻三尺，非一日之寒。父母来到学校，意识到自己在孩子的教育中忽视了什么，但千万不能让父母感觉到我们也这样认为。不要用直截了当或教条的方式与父母谈话，不要用权威的口吻向他们提任何建议，要用“也许”“大概”“可能”“你可以这样试一下”的语句。即使我们知道他们错在哪儿、如何纠正，我们也不能贸然提出，不能让他们有被强迫的感觉。并不是每一个教师都具有这些策略，这些策略也不是一时半会儿就能掌握的。有趣的是，我们在本杰明·富兰克林的自传中发现了同样的想法，他写道：

> 一位教友会的朋友善意地告诉我，我被大家普遍认为骄傲自大，这种自傲经常出现在与别人的谈话中，表现在谈论问题时不光满足于自己是正确的，而且还表现得傲慢无礼。他还举了几个例子来证明我的傲慢。我决定改掉这个恶习或愚蠢的毛病。我在清单上还加上谦卑这一条，我指的是广义上的谦卑。
>
> 我不敢吹嘘自己已经真正获得了谦卑美德的实质，但已经有了谦卑的样子。我给自己立下一个规矩，即克制自己直接反驳别人的观点，也不完全肯定自己的看法。我甚至禁止自己使用自己圈子里的一些老规矩，在表达一个确定的观点时避免使用“当然”“毫无疑问”等字眼，而是使用“我认为”“我的理解是”“我想象事情可能是这样”“目前在我看来”。当有人提出一个在我看来是错误的观点时，我不是直接反驳他、指出他观点中的荒谬之处，并以此获得

快乐，而是说他的观点在某种情况下是对的，不过，在目前情况下似乎有点不同。我很快就发现这种改变带来的好处。我和他人的对话更加愉快了。我以谦卑的方式提出的观点更容易被别人接受，反对意见也少了。当发现自己错了，也不感到那么羞愧了。如果我碰巧是正确的，我能更容易地说服别人放弃他们错误的观点，站在我这边来。

我开始采取谦卑的方式待人时，拼命压抑自己的自然倾向，后来渐渐就习惯了。也许这50年来没有人听我说过一句教条式的话语。在早年我提议建立新体制、改变旧制度的时候，我能很好地说服我的同胞，并且在我成为众议员时能够产生那样大的影响，这主要得益于谦卑的习惯（还有诚实正直的品格）。其实我是一个笨拙的演讲者，不善雄辩，遣词造句颇为踌躇，表达也不准确，但我的观点还是得到了大家的认可。

实际上，骄傲是人类情感中最难以克服的。无论我们如何掩饰它、与它拼搏、把它打翻在地、扼杀它、阻止它，但它仍然不会消亡，并不时地露个面。我们在历史中经常看到它。尽管我认为我已经完全克服了骄傲，但我要为我的谦卑感到骄傲。

当然，这些话并不适合每一个生活情境。我们对此既不能期望，也不能强求。富兰克林的态度向我们表明，咄咄逼人的做法是多么不合时宜、多么失败。生活中没有适用于所有情境的基本规律。有的规则适用一段时间，但过一段时间就会突然失效。激烈的言辞只在某些情境下奏效。然而，如果我们考虑到教师的感受，考虑到羞愧不已并因自己的孩子继续蒙羞的父母的感受，考虑到没有父母的合作我们什么也办不到，那么，富兰克林待人的方式是唯一能帮助孩子的方式。

在这种情况下，证明谁是正确的、谁是优越的没有任何意义，重要的是找到帮助孩子的方法，这当然会遇到许多困难。许多父母不想听任何建议。当教师把他们和他们的孩子放在这个令人不愉快的位置上时，他们感到惊讶、愤怒、不耐烦，甚至是敌意。这些父母长期对自己孩子的错误视而不见，他们不愿意正视现实。突然间他们被迫睁开眼睛，看到了这一幅令人不愉快的情形。当教师很唐突、急切地接近这些父母时，自然不能赢得他们的支持。许多父母更过分，他们对教师大发雷霆，不容接近。在这种情况下，最好向父母表明，教师需要他们的帮助；最好先平复他们的情绪，使他们能友好地与教师交谈。要记住，父母经常会陷入传统、老套方法的泥潭中，不能自拔。

双重惩罚

例如，一位父亲总是用严厉的话语和刻薄的表情对待自己的孩子，10年后他很难换一副友善的表情、亲切地与孩子交谈。值得注意的是，如果父亲突然对孩子改变了态度，那么，他的孩子一开始并不认为这个改变是真诚的，他会认为这是一个计谋，要过一段时间之后才能相信父母的变化。高级知识分子也不例外。有一位中学校长对儿子不断指责和唠叨，几乎使儿子崩溃。这位校长在与我们的谈话中意识到这一点，回到家后，因为孩子偷懒，他再次发火，又对孩子进行了一番严厉的教育。每次儿子做的事情不如他意，他就对儿子发火，并毫不留情地批评他。如果一位自认为是教育者的校长尚且这样做，那我们完全可以想象那些在成长过程中被灌输犯错误就要受到惩罚的教条思想的父母会怎么做。和父母谈话时，要讲究策略和方法。

要记住，用皮鞭教育孩子的做法在贫困阶层非常普遍。来自贫困阶层的孩子在学校接受了矫正谈话后，回到家里，等待他们的依旧是父母的皮鞭。一想到父母的教养方式使我们的教育努力付诸东流，就令人感到悲哀。这种情况下，孩子通常因为同样的错误受到两次惩罚。我们认为一次惩罚就足够了。

我们知道双重惩罚会带来多么可怕的后果。假如一个孩子要把一份坏成绩报告单带回家，由于害怕挨打，就不会把成绩报告单拿出来给父母看，同时，又担心学校的惩罚，因此，便逃学或伪造父母的签字。我们不能忽视或轻视这些现象。我们必须联系孩子的环境来思考他的问题。我们要问：如果我们的行为持续下去会发生什么？会对孩子造成什么影响？我们是否确信对孩子产生有益的影响？孩子能承受身上的负担吗？他能否从负担中获益？

我们知道孩子和成人对困难的反应有很大的差异。在我们试图重塑孩子的生活模式之前，我们一定要对孩子的再教育慎之又慎，要确定再教育的后果。只有那些对孩子的教育或再教育有深思熟虑和客观判断的人才有可能获得预期的效果。时间和勇气是教育工作中必不可少的要素，也是不可动摇的信念。该信念使教师无论在什么情况下，都有办法防止孩子崩溃。首先，我们必须遵循一个古老而被公认的法则，即亡羊补牢，犹为未晚。那些习惯于将人视为一个整体，并把他的各种表现纳入到这个整体中的人比起那些只抓住孩子的某一个问题——头痛医头、脚痛医脚的人来说，能更好地理解孩子，也能更好地帮助孩子。例如，当后者发现孩子没有完成家庭作业时，就会立即给孩子的父母写纸条告状。

我们正在进入一个对儿童教育涌现出新思想、新方法和新认识的时代。科学正在破除旧的习俗和传统。这些新知识为教师赋予了工作的责任，但同时又使教师更加理解问题儿童，赋予他们更多的能力去帮助这些孩子。重要的是要记住，如果脱离整体人格去考察儿童某一个单独的行为是没有任何意义的。我们只有将该行为与这个人的整体人格联系起来，才能理解这个行为。

附录1　个体心理问卷

（供了解和矫正问题儿童之用，由国际个体心理学家学会制定）

1. 导致问题发生的原因何时出现？当问题首次被发现时，他处于什么样的情境（心理的或其他的）？

以下情境具有重要意义：环境变化，开始上学，家庭有新生儿，学校中的失败和挫折，生病，父母离婚，父母再婚，父母死亡。

2. 在问题暴露之前，是否存在一些特殊的心理或生理缺陷，例如在吃饭、穿衣、洗澡或睡觉时胆怯、拘谨、笨拙、粗心、羡慕、嫉妒和依赖他人等。孩子是否害怕独处或恐惧黑暗？是否理解自己的性别角色？是否表现出第一性征、第二性征或第三性征？如何对待异性？对自己的性别角色了解有多少？是继子、私生子、养子或孤儿吗？他的养父母怎样对待他？仍然与他保持联系吗？是否在适当的时间里学会说话和走路？学说话或学走路时有没有遇到困难？牙齿发育正常吗？在学习阅读、绘画、唱歌、游泳时有明显的困难吗？是否特别依恋父亲、母亲、祖父母或保姆？

有必要确定他是否对环境充满敌意，并找到其自卑感的根源。有必要确定他是否有回避困难的倾向，是否表现出自我中心或过分敏感的性格特征。

3. 孩子制造了很多麻烦吗？他最惧怕什么、最惧怕谁？夜间哭叫吗？是否尿床？是否有支配弱小者或强壮者的倾向？是否有跟父母同睡一张床的强烈愿望？是否举止笨拙？是否有佝偻病？他的智力怎么样？是否常被人逗乐和取笑？在发型、衣服和鞋子等方面是否爱慕虚荣？他喜欢咬指甲或挖鼻孔吗？他贪吃吗？

了解他是否自信地追求优越感，了解他的价值观是否妨碍他的行动，这将对我们很有启发作用。

4. 孩子是否容易跟别人交朋友？对人或动物是否耐心、宽容，或是否骚扰、虐待它们？是否喜欢收集或贮藏？是否吝啬、贪婪？是否喜欢指挥别人？是否倾向于自我孤立？

这个问题是与儿童和人交往、接触能力有关，也与儿童的信心程度有关。

5. 鉴于以上所有问题的回答，孩子目前的状况怎样？他在学校的表现如何？他喜欢学校吗？他上学准时吗？上学前是否情绪激动？是否经常丢失书本、书包或练习册？做作业或考试前，他是否紧张激动？是否忘记做作业，或是否拒绝做作业？是否浪费时间？是否偷懒？是否精神不集中？是否扰乱课堂？他如何看待教师？他对教师是批评、傲慢还是无视？他是主动请求别人帮助他学习，还是坐等别人的帮助？他在体操和其余方面是否信心十足？他认为自己的天赋相对较低，还是完全没有天赋？他阅读广泛吗？他喜欢哪种文学形式？

这些问题帮助我们了解孩子是否为上学做好了准备，帮助我们理解他们参加“学校新情境测试”的结果及其对困难的态度。

6. 关于家庭环境的正确信息，包括家庭成员的疾病状况，是否酗酒，是否有犯罪倾向，是否衰弱，是否患有神经疾病、梅毒和癫痫病，以及家庭的生活标准。家庭里是否发生过死亡，死亡发生时孩子多大？他是孤儿吗？家庭的主导精神气氛？家庭教育是否严苛？对他是抱怨不止、吹毛求疵还是纵容溺爱？是否存在让孩子惧怕生活的家庭影响？对孩子监管的情况如何？

从孩子在家庭里的地位及其对家庭的态度进行观察，我们就可以判断他所受到的影响。

7. 孩子在家庭中的位置是什么样的？他是长子、老幺、独生子、唯一的男孩还是唯一的女孩？相互间是否有敌意、是否常常哭闹、是否有恶意的嘲笑，是否有贬低他人的强烈倾向？

以上问题对于我们研究孩子的性格，了解他们对他人的态度很有帮助。

8. 孩子是否形成了职业选择的观念？他如何看待婚姻？家庭中其他成员从事什么的职业？父母的婚姻生活如何？

从这些问题中，我们可以得出孩子是否有勇气和信心面对未来的结论。

9. 他最喜欢的游戏、故事、历史人物和文学形象是什么？是否喜欢破坏别人的游戏？是否富有想象力？是否爱冷静地思考问题？是否沉溺于白日梦中？

这些问题揭示孩子是否有在生活中扮演英雄角色的倾向。相反则可认为是缺乏勇气。

10. 孩子的早期记忆是什么？是否印象深刻地做一些有关飞翔、坠落、无力和赶不上火车的梦，或是周期性地做这些梦？以及其他焦虑的梦？

由此，我们可以发现孩子是否有孤立封闭的倾向，是否被警示要谨小慎微，是否雄心勃勃，是否偏爱特定的人或乡村生活，等等。

11. 孩子在哪些方面感到灰心丧气？他认为自己被忽视了吗？是否积极应对他人的关注和赞扬？是否有迷信的想法？是否回避困难？是否尝试过各种事情但最终都有始无终？对未来是否确定？是否相信遗传的不良影响？周围的一切使他感到灰心丧气吗？他对生活的看法是否悲观？

对这些问题的回答可以帮助我们确定，孩子是否已经对自己失去信心，是否走上了一条错误的道路。

12. 孩子是否爱耍花招，是否有其他的坏习惯，如做鬼脸、装傻、要孩子气和出洋相等？

这表明孩子为了引人关注，表现出些许的勇气。

13. 他是否有言语障碍？是否长相丑陋，是否有畸形足，是否膝盖内扣或罗圈腿？是否身材矮小？是否特别肥胖或高挑？是否比例不协调？眼睛和耳朵是否异常？是否智力迟钝？是否左撇子？是否睡觉打呼噜？是否特别漂亮？

这些不足和缺陷通常都被孩子夸大了，并因此而丧失勇气。那些长相漂亮的孩子经常也会出现成长问题，因为他们无须努力，就能得到一切。这样孩子会错失无数为生活做准备的机会。

14. 他是否经常谈到自己缺乏能力，谈到自己对学业、工作、生活“缺乏天赋”？是否有自杀的念头？他的失败和制造麻烦之间是否存在时间上的联系？是否过分看重表面的成功？是卑躬屈膝、执拗偏执还是桀骜不驯？

这些表明他极度的气馁，尤其在他想摆脱自己的麻烦却徒劳无益时更加明显。他的失败部分是由于他努力的无效，部分是由于他对与他交往的人缺乏了解。不过，他也总要满足自己对优越感的追求。因此，他便转向做那些轻松容易的事情。

15. 找出孩子成功的例子。

这些积极表现会给我们重要的启示。因为孩子表现成功之中的兴趣、爱好和准备性很可能指向另一种方向，这种方向和他目前所选择的方向不一样。

上面这些问题不宜以一种固定的或程序化的顺序提出，而是建设性地和借助谈话来提出。从上面所有问题中，我们可以正确地理解和把握孩子的个性。我们将会发现，错误不是被辩护与合理化了，而是变得可以理解和可以认识了。我们要耐心友好而不是威胁性地向孩子解释他们在问卷中暴露出来的问题。

附录2　5个孩子的案例及评论

案例1

这是一个15岁的男孩，是独生子。他的父母努力工作，家庭也算是小康之家。父母对孩子体贴入微，以确保他身体健康。因此，孩子的早年生活是快乐而健康的。他的妈妈心地善良，比较容易哭泣。她在叙述儿子的事情时，断断续续，很是费力。我们不了解孩子的爸爸，他的母亲说，他是一个诚实、自信且精力充沛的人，也热爱家庭。当孩子很小的时候，一旦不听话，他的爸爸总是说："如果我不把他制得服服帖帖，将来就无法收场。"所谓服服帖帖并不是谆谆教诲，而是一旦孩子做错了事，而他就鞭打孩子。这样一来，孩子很小的时候，就有反抗意识。他的反抗意识表现在他想成为家里的主人。我们经常会在被宠坏的独生子中发现这一点。这个孩子很小的时候就表现出强烈的不服从倾向，并形成了拒绝服从的倾向。只要父亲不动手鞭打他，他就拒绝服从。

当我们停下来，看看这个孩子最显著的性格特征是什么，这就是撒谎。他靠撒谎来逃避父亲的责打。这也是他母亲对他主要的抱怨。现在，孩子已经15岁了，可他的父母还不能确定孩子是在说真话还是在撒谎。我们还进一步了解到，孩子曾在一所教会学校学习过一段时间，那里的教师也抱怨他不听话、扰乱课堂。例如，老师没有提问到他，他却高声回答；老师上课期间，他会突然提问，打断老师；还在上课期间大声和同学说话。他做作业时字迹潦草，他还是个左撇子。他的行为最终超越了所有界线。他越是害怕父亲的惩罚，就越是撒谎。他的父母先是决定让他继续留在学校学习，但很快却不得不把他领回家，因为老师认为他已经无可救药了。

这个孩子很活跃，智力也正常。他念完公立学校，要参加中学入学考试。考试后，他告诉一直等他的妈妈说自己通过了考试。家人都很高兴，夏天还去乡村度假。度假期间，孩子经常提到中学的事情。后来学校开学了。这个孩子每天背着书包去上学，中午回来吃午饭。不过，有一天中午，他妈妈陪他走了一段上学的路，她听到有个人说："那不是早晨给我带路去火车站的孩子吗？"她就问孩子那个人说的话是怎么一回事，是不是上午没有上学。这个孩子说，上午学校是10点钟放学，那个人问他去火车站的路，他便带他去了。他妈妈不相信他的解释，将此事告诉了他爸爸。他父亲决定第二天陪他去一次学校。在一起去学校的路上，在他爸爸的追问下，男孩才说自己并没有通过入学考试。所以这些天，他根本就没有上过学，只是一直在街上闲逛而已。

家里给他请了家教，孩子最终也通过了入学考试，但他的行为没有什么改变。他仍旧扰乱课堂，并开始小偷小摸。他偷了母亲的钱，却矢口否认，直到家人威胁要送他去警察局，他才承认。这是一个忽视孩子教育的令人悲哀的案例。这个曾经认为孩子不打不成器的爸爸，现在则完全放弃一切对儿子的希望。孩子得到惩罚是：家人不再搭理他，不和他说话，也不关注他。他的父母也声称以后不再打他了。

在回答“孩子什么时候出现问题”时，妈妈说：“从他出生开始。”他妈妈的含义是既然父母想尽一切办法都没有把孩子教育好，那么孩子的不良行为肯定就是天生的。

他在婴儿时就特别地不消停，日夜嚎哭。然而，所有的医生认为这个孩子发育正常，非常健康。

这并不像听起来那么简单。婴儿哭闹本身并没有什么值得关注的。婴儿哭闹原因则是多种多样。此案例中的男孩是独生子，他的母亲也没有育儿方面的经验。孩子哭泣，通常是尿湿了，他妈妈并没有意识到这一点，而是跑过去把他抱起来摇晃，给他喂水或喂奶。她本应该找出孩子哭闹的真正原因，换下尿布，让他感到舒适，就不用再管他了。这样，这个孩子就会停止哭闹，也不会像现在这样给他留下不良影响。

他妈妈说他在正常的时间内就毫无困难地学会了走路和说话，牙齿也发育正常。孩子有破坏玩具的习惯。这并不必然表示孩子性格不好。值得注意的是，妈妈说：“孩子无法单独一个人玩，哪怕是一分钟都不行。”那么，妈妈究竟如何训练孩子独自玩耍呢？唯一方式就是让孩子独自玩，要让孩子在没有成人的不断干预下学会独处。我们怀疑这个妈妈并没有这样做，她的一些话语也证明了这一点。例如，孩子特别依恋她，总是让她忙个不停，总是依恋着她，等等。这是孩子最初渴望得到母亲的宠爱，也是他心灵最早的印记。

我们从来没有让孩子单独呆着。

他妈妈这么说，显然是在作自我辩护。

他从未一个人单独呆过。直到今天，他也不愿独处哪怕1小时。夜里也从未单独呆过。

这也证明孩子对母亲是多么依恋，多么依赖。

他从不感到害怕，也不知道害怕为何物。

这似乎与心理常识相矛盾，与我们的心理发现不符合。进一步研究后，我们找到了答案。这个孩子从未独处过，因此，也就没有必要害怕。对这样的孩子来说，害怕就是迫使自己与他人在一起的手段。这样，他就没有必要恐惧，而害怕是孩子一旦独处而表现出来的一种情绪。下面是另一个看起来有点矛盾的陈述。

他非常害怕父亲的棍棒。这样看来，他的确有害怕的时候。然而，鞭打过后，他很快就忘记了，又变得活灵活现。即使有时候被打得很严重。

我们在这里看到了一组不幸的反差：妈妈处处迁就孩子，

爸爸则非常严厉，试图改变妈妈的软弱温柔。父亲的严厉越来越把孩子推向妈妈那一边。也就是说，孩子会转向宠爱和纵容他的人，转向那个可以让他轻而易举、不费气力而获得一切的人。

孩子6岁到教会学校的时候，受到牧师的监管。这时已经有人开始抱怨这孩子过分活跃、好动和注意力不集中。更多是对他学业的抱怨，其中最明显的是他的不安分。如果孩子想获得关注，那么，有什么比不安分更好的办法呢？这个孩子想引人注目。他已养成了获得妈妈关注的习惯，现在，他进入更大的圈子——学校，他也想获得新成员的关注。教师不了解孩子的真实目的，只是把孩子挑出来训斥一通，希望以此来矫正他的行为。然而，孩子却依然故我。为了得到关注，他不得不付出巨大的代价，不过他已经习惯了。他在家里受到严厉的责打，读书期间同样如此，但没有任何改变。我们又怎么能指望学校较温和的惩戒方式能够改变他的行为呢？这种可能性不大。当孩子屈尊去学校时，他自然想成为人们关注的中心，以此作为上学的补偿。

他父母向孩子指出，为了班级每个人的利益，他必须在课堂上保持安静，试图以此来改善孩子的行为。听到这种陈词滥调，让人不禁怀疑这对父母是否拥有健全的常识。其实，孩子和成人一样，都知道什么是对的，什么是错的。不过，孩子忙于其他的事情呢。他想引起人们的注意，但保持安静是不可能得到关注的，而通过努力学习获得关注也很不容易。一旦意识到他为自己设定的这种目标，我们就解开了他行为上的谜团。显然，父亲的鞭打能够让他安静一会儿。不过，他的妈妈说，只要他爸爸一转身，他又故态复萌了。他认为鞭笞和惩罚只是短暂地中断了他的追求，不会给他带来长久的变化。

他总是控制不了自己的脾气。

对那些想得到关注的孩子来说，发脾气显然也是一种方法。我们知道，人们通常把发脾气称为达到目的的一种简便手段，也是达到目的所设定的一种情绪。例如，安静地躺沙发上的孩子用不着发脾气。只有那些想引人注目的人，例如本案例中的孩子，他只是为了让自己引人注目。

他习惯把家里的各种东西带到学校去换钱，然后跟同伴们挥霍、娱乐。他的父母发现这种情况之后，每天上学之前，都要对他进行搜身。他最终放弃了这种行为，转而沉溺于恶作剧和上课捣乱。若不是父亲的严厉惩罚，他很难改掉拿家里东西换钱的习惯。

我们可以理解他为什么要恶作剧，这也可归因于他爱出风头的欲望，因为这会招致老师的惩罚，从而显示自己能够挑战学校的规定。

他的捣乱行为逐渐减少，但仍会周期性地发作，一如故往，最终被学校开除了。

这也证实了我们前面所说的。这个孩子努力想获得他人的认可，自然会遇到许多障碍，他也意识到这一点。另外，如果考虑到他还是个左撇子，我们会对他有更多的认识。我们可以推断，尽管他想回避困难，但总是会遇到困难，也缺乏克服困难的信心。但是，他越是没有信心，越是想证明自己值得关注。他不停歇地进行恶作剧，直到学校无法容忍，把他开除。如果学校的目的是不能允许一个捣乱者影响其他学生的学习，那么，校方别无选择，只能开除他。这是可以理解的。然而，我们相信教育的目的是矫正孩子的缺点，那么开除就不是一剂良方。孩子既然很容易获得母亲的认可，也就无须在学校努力了。

需要指出的是，在一位教师的建议下，这个孩子在假期被送到一个儿童养育院。那里的管理比学校更严格，不过仍未起到什么作用。他的父母仍然是他的主要监护人，他每个星期日回家，他对此感到很高兴。即使不允许他回家，他也并不感到沮丧。这很容易理解。他想表现得像个大人物，也希望别人把他看作是英雄。他并不十分介意被鞭打，不管事情多么令他难以忍受，他总是不允许自己哭喊，也不想有失男子汉气概。

他的学习成绩并不是太差，因为家里总有家庭教师教他。

由此可以看出，他没有独立性。教师说，如果他能安静下来，他可以学得更好。我们相信这个孩子能搞好学习，因为除了弱智，任何孩子都能搞好学习。

他没有绘画的天分。

这一点很重要，因为从这个陈述中我们可以看到，他并没有完全克服使用右手的笨拙。

他的体操很好；他很快学会了游泳，并且不怕危险。

这表明他并未完全失去信心，只不过把勇气和信心用在了一些无关紧要的事情上，即那些他能轻而易举地做到，并获得成功的事情上。

他从不知道害羞，总是把自己的想法告诉每个人，无论对方是学校的门卫还是学校的校长，尽管他多次被告诫不要如此唐突说话。

我们知道，他从不在乎别人禁止他做这做那，因此，我们不能把他这种不知害羞的表现视作有勇气。我们知道，许多孩子能很好地意识到自己与教师、学校管理者之间的距离。这个不惧怕父亲皮鞭的孩子，自然不会惧怕校长。为了显示自己的重要性，他放肆无礼地说话，想借此达到自己的目的。

他不是十分确定自己的性别，并经常说他不想当女孩。

这并没有明确表明他对自己性别的看法，不过，像他这种性格不良的孩子一般都有轻视女孩的倾向，并从这种轻视中获得一种男性的优越感。

他没有真正的朋友。

这很容易理解，因为其他孩子也并不总是想让他当老大。

他父母还没有向他解释性方面的事情。他的行为总是表现出一种统治欲。

其实他自己十分清楚一些我们颇费周折才了解到的情况。也就是说，他很清楚自己想得到什么，但是，他并不知道自己的潜意识中的目标和其行为之间的关系，也不明白自己强烈支配欲的范围和根源。他想支配他人，因为他看到自己的父亲对家庭的统治。他越是想控制别人，就越是心虚，因为他不得不因此而依赖别人。而他效仿的榜样——他的父亲却能不动声色地进行统治。也就是说，孩子的雄心建立在他自身懦弱的基础之上。

他总是想惹是生非，即使对那些比他强的人。

不过，越是强悍的人，越好对付，因为他们太看重自己的责任了。而这孩子放肆无礼时，却只顾及自己。顺便提一下，要改掉无礼的毛病很难，因为他不相信自己可以学会什么，因此，他不得不用鲁莽的行为来掩饰自己缺乏信心。

他并不自私，而是慷慨给予。

如果我们把这当作善良的表现，就会发现这和他性格的其他方面并不一致。我们知道，有人借助慷慨大方来表现自己的优越感。重要的是要看这种性格特征是如何与权力欲联系在一起的。这孩子把慷慨视为一种个人价值的提升。他有可能是从他父亲那里学会了通过慷慨来自我炫耀。

他仍然制造许多麻烦。他最怕他的父亲，其次是他的母亲。他随时准备起床，也并不特别虚荣。

以上最后一句话与他的外在虚荣有关，因为他内在的虚荣心异常膨胀。

他改掉了挖鼻孔的毛病。他倔强，挑食，不喜欢吃蔬菜和肥肉。他不是完全不喜欢交朋友，只是喜欢和自己可以支配的人交朋友。他特别喜欢动物和花草。

喜欢动物的背后是一种对优越感的追求，一种支配欲。这种喜好当然不是坏事，它可以使人与地球万物成为一体。然而，对本案的孩子来说，这种喜好就表现了一种支配欲。即他总是想办法让他的母亲为他操心。

他表现出强烈的领导欲，当然不是一种智力上的领导欲。他有收集物品的习惯，但没有足够的耐心，每种收藏都有始无终。

这种人的悲剧在于，他们总是虎头蛇尾，有始无终。因为有结果，就需要承担责任，而他则害怕承担责任。

10岁之后，他的行为整体上有所改善。因为他过去总想到街头巷尾当英雄，因而不可能把他关在家里。经过艰苦的努力，才使他的行为有所改进。

把他限制在家里狭小的空间里，实际上是满足他强烈的自我肯定欲望的最佳方法。因为毫不奇怪的是，他会在家里这个狭小的空间里制造更多的麻烦。如果监控得当，应该让他去街头玩耍。

他一回到家就做作业，并来表现出想离开家里，但总是想方设法浪费时间。

当孩子被限制在狭小空间，并监督他做作业时，我们发现孩子总是在分心和浪费时间。必须给孩子活动的空间，让他和其他孩子一起玩耍，并在小伙伴中发挥自己的作用。

他过去很喜欢上学。

这表明那里的教师对他并不严厉，因而他也很容易扮演英雄角色。

他总是丢失课本。他并不害怕考试，他总是相信他能出色地做好一切事情。

这是一种相当普遍的性格特征。实际上，一个人如果在任何情况下都能保持乐观，表明他并不自信。这种人当然是悲观主义者，不过，他们总是与客观逻辑背道而驰，沉浸在自己什么都能做到的梦幻世界之中。即使他们遭遇失败，也丝毫不会表现出惊讶之情。他们被宿命论所攫取，因而总是表现出一种乐观主义精神。

他不能集中注意力。一些教师喜欢他，而另一些教师讨厌他。

有些温和一点的教师喜欢他，他们欣赏他的风格。他也很少制造麻烦，因为这些老师不给他布置难题，他可以比较容易获得关注。像大多数被宠坏的孩子一样，他既不愿集中精神，也没有这个习惯。直到6岁之前，他没有集中精神的需求，因为母亲会为他包办一切。每件事情都被预先安排好了，他就像关在笼子里一样。一旦遇到困难，才感到缺乏准备。他没有学会如何面对和解决困难的方法，他对他人不感兴趣，因此无法与他人合作。他缺乏独立完成任务所必需的愿望和自信。他所拥有的就是出风头的欲望，一种不费吹灰之力就能出人头地的欲望。但他打破了学校的宁静，他不仅没有引起别人的注意，反而使自己的品行变得越来越坏。

他对任何事情都不上心，想用最轻松的方式和最少的努力去做任何事情，从不考虑他人。这已经成为他生活的主旋律，表现在他所有的具体行为中，如偷窃和说谎。

他生活方式中的错误是显而易见的。他的母亲当然为他的社会情感发展提供了一定的刺激，不过，无论是他温和的母亲还是他严厉的父亲，都没有为他的社会情感的进一步发展指明和确定方向。这种社会情感只被局限在他母亲的世界之中，在这个世界中，他感到自己是关注的中心。

因此，他对优越感的追求不再指向对社会有用的方面，而是指向自己的虚荣心。为了把他引向对社会有用的方面，我们必须重新塑造他的性格发展，帮助他建立信心，这样一来，他才乐于倾听我们的意见。同时，我们要扩大他的社会关系的范围，以此来弥补他母亲的疏忽。他还必须与他的父亲达成和解。他的教育要逐步推进，直到他能够像我们一样地理解他过去生活方式中的错误。当他的兴趣不再集中在一个人身上，他的独立性和勇气才会逐渐增强，才会将对优越感的追求指向对社会有用的方面。

案例2

这是一个10岁男孩的案例。

学校抱怨，他的功课很差，已落后同龄学生三个学期。

10岁的孩子，落后三个学期，我们简直要怀疑他是否弱智。

他现在读三年级，IQ是101。

显然，他不是弱智。那是什么原因使他学习落后的呢？他为什么要扰乱课堂？我们看到，他追求优越感，也有一定的行动兴趣，但他的追求和兴趣全部指向对生活无用的方面。他想富有创造性，积极主动，也想成为关注的中心，但追求的方式却是错误的。我们也看到，他和学校对抗、战斗，是学校的敌人。因此，我们可以理解为什么他成绩落后，因为学校的常规生活对一个好斗者来说，是难以忍受的。

他不愿服从命令和纪律。

这很显然。他的行为方式有明智之处，说明他在实施疯狂的行为的过程中自有一套办法。也就是说，如果他是一个好斗者，那么他自然会抗拒别人的命令。

他和其他的男孩打架；他把自己的玩具带到学校去。

他是想建立自己的学校。

他的口算很差。

这说明他缺乏社会意识以及与之相配的社会逻辑（参见第6章）。

他有语言障碍，每周去一次语言训练班。

这种语言障碍并不是器官缺陷造成的，而是缺乏社会合作的表现。他的语言障碍显示了这一点。语言体现了一种合作的态度，一种个体不得不与其他人联系的合作态度。这个孩子利用语言缺陷作为他好斗性的工具。难怪他不设法去矫正自己的语言障碍，因为一旦语言障碍得到了矫正，就意味着他要放弃这个引人关注的工具。

当老师和他谈话时，他不停地左右摇晃身体。

他似乎随时准备发起攻击。他不喜欢老师和他谈话，因为这样一来他就不是关注的中心了。如果老师和他说话，他就只有听的份儿，那么老师就成了征服者。

他的母亲（确切地说是继母，他还是婴儿时，妈妈就去世了）常常抱怨，他有点神经质。

神经质的神秘面纱掩盖了孩子的许多过错。

他是由两位祖母带大的。

一位祖母就已经够糟糕了，何况两个——我们知道，祖母们通常都极度娇惯孩子。她们这样做的原因值得深思。这是我们文化的缺陷，即老年妇女没有社会地位。她们反抗这种待遇，希望能被合理对待，在这一点上她们非常正确。她们想要证明自己存在的重要性，便通过溺爱孩子并使孩子依恋她们。通过这种方式，她们使自己的权利得到认可。

当你听说有两位祖母，你就会明白她们之间会上演一场多么可怕的竞争。每一位祖母都想证明孩子更喜欢她。当然，在这场竞争中，孩子最为得益，他发现自己处于天堂之中，想要什么就可以得到什么。他只需说，“那位祖母给了我这个”，那么，另一位祖母一定会压倒对手，更大限度地满足孩子。在家里，孩子成为关注的焦点，我们可以看出孩子如何把这种关注设定为自己的目标。现在，他去了学校，那里没有两位祖母，只有一位教师和许多孩子。因此，他想成为人们关注焦点的唯一方式就是好斗和反抗。

当他与祖母生活期间，他的成绩并不好。

他没有做好上学的准备，他不适应学校的生活。学校是检验他合作能力的场所，但他过去没有获得这方面的训练。母亲是最能培养孩子这种合作能力的人。

他的父亲一年半前再婚，于是他与父亲和继母一起生活。

这当然是一个问题情境。当继母或继父进入孩子的生活，麻烦就开始了，或者说麻烦进一步加剧了。对孩子的成长和教育来说，继父母问题是一个传统问题，至今也没有得到改善，特别是孩子尤其遭受这个问题的影响。即使是最好的继母也会有问题。这不是说继母的问题没法解决，而是说，只能以特定方式去解决。继父母不应该指望把孩子的感激视为自己应得的权利，而是应该尽最大努力赢得孩子的感激之情。由于两位祖母把情境搞复杂了，加剧了继母和孩子之间的矛盾。

继母开始进入这个家庭时，曾努力对孩子充满爱意。她想方设法赢得孩子的心。孩子的哥哥也是一个麻烦制造者。

家里还有一个好斗者。我们可以想象，两兄弟之间的竞争又加剧了他们争强好斗的欲望。

这个孩子害怕并且服从父亲，但并不服从母亲。因此，母亲就向父亲告状。

这实际上是在承认，母亲无法教育孩子，因此便把教育的责任推给父亲。当母亲总是向父亲汇报孩子们做什么和不做什么，当她威胁孩子说“我要告诉你们的父亲”时，孩子们意识到，她没有能力管束他们，并已经放弃了管教任务，因此，他们便寻找一切机会对她发号施令。这个母亲如此说话和行事，其实表达了一种自卑情结。

只要他保证听话，母亲就会带他出去玩，给他买东西。

这个母亲的处境也很艰难。为什么？因为她总是生活在孩子祖母的阴影下，孩子们总是认为祖母更重要。

祖母偶尔来看他。

一个偶尔造访数小时的人很容易打乱孩子的教育，并把所有的麻烦和问题都留给母亲。

似乎家里没有一个人真正爱这个孩子。

他们似乎都不喜欢这个孩子了，甚至曾经纵容溺爱他的祖母，现在也不喜欢他了。

父亲用皮鞭抽打孩子。

鞭打并不起作用。孩子喜欢表扬，如果被表扬，他就满心欢喜。但他不知道如何用正确的方式得到表扬。他喜欢不经过努力就能获得老师的表扬。

如果他得到表扬，他就会把事情做得更好。

所有想成为人们关注焦点的孩子都是这样。

老师不喜欢他，因为他总是闷闷不乐。

这是他所能采取的最好手段，因为他是个好斗的孩子。

孩子尿床。

这也表明他想成为关注的中心。他是用间接的方式来争取关注。他如何间接地来争取他母亲的关注呢？通过尿床和他妈妈半夜起来；通过夜里尖叫；通过在床上阅读而不睡觉；通过早上不起床；通过不良的饮食习惯等。总之，无论白天还是黑夜，他总有办法让母亲围着他转。他利用尿床和语言障碍这两个武器与环境作对。

为了帮他改掉尿床的习惯，他的母亲夜里要叫醒他好几次。

妈妈夜里要数次起来叫醒他，如此，他就达到了目的。

其他孩子都不喜欢这个男孩，因为他总喜欢支配他们。而一些弱小的孩子则试图模仿他。

他是一个脆弱、没有自信的孩子，不想用勇敢的方式面对生活。学校里那些弱小的孩子喜欢模仿他，因为这是他们获得关注的最佳方式。

另一方面，他并非真的不被人喜欢。“当他的作业被选为全班最好时，有些孩子都高兴地认为他取得进步了。”

当他有所进步时，其他的孩子都感到很高兴。这说明教师教育方法得当，知道如何在孩子中间培养合作精神。

这个孩子喜欢跟其他孩子在街上踢球。

当他确定能够获得成功并能征服别人时，他才喜欢与之交往。

我们和妈妈一起讨论这个孩子，我们向她解释，她与孩子和祖母处于一种非常艰难的境地。孩子非常嫉妒他的哥哥，总是害怕落后于他。在谈话中，这个孩子总是一言不发，尽管我们告诉他，诊所里所有的人都是他的朋友。说话对于这个孩子来说，意味着合作。他只想抗争，不想说话，因为他缺乏社会意识，他拒绝矫正自己的语言缺陷也是出于同样的道理。

这似乎令人感到诧异。事实上，我们甚至经常在有些成人身上也发现这种情形，即用一言不发来表示对抗。曾经有一对夫妻发生了激烈的争吵，丈夫向妻子大声叫道：“你看，你现在没话说了吧！”妻子回答说：“我不是没话说，我只是不想说话而已。”

案例中这个男孩也是这样：“只是不想说话”。当谈话结束时，这个孩子被告知可以走了，但他似乎不想离开。他的敌意被激发起来了。我们告诉他讨论结束了，他还是不想走。我们告诉他下个星期和他爸爸一起过来。

同时，我们告诉他：“你一言不发很正常，因为你总想跟别人对着干。如果别人叫你说话，你就沉默不语；叫你保持安静，你就大声说话扰乱课堂秩序。你觉得这样做才算是一个英雄。如果我们要求你‘不要说话’，你就会滔滔不绝。我们只需要向你提出与我们的希望相反的请求，就可以让你就范。”

孩子显然被激起开口说话的欲望，因为他觉得有必要回答这些问题。这样，他就通过言语和语言与我们合作。后来，我们向他解释他的情况，并使他认识到并相信自己的错误之处。通过这种方式，他的情况逐渐得到改进。

关于这一点，我们要牢记，只要孩子还处在旧的环境中，他就没有变化的动力。他的母亲、父亲、祖母、教师、伙伴对他的态度已经固化了，他对他们的态度也是一成不变的。不过，当他来到诊所时，面临的是一个全新的情境。我们必须尽可能为他营造一个新的环境，实际上是一个全新的环境。这样他就能更好地暴露他在旧环境中形成的性格特征。在这种情况下，一个很好的做法就是告诉他：“你不要说话”，而他会说“我偏要说话！”按照这种方法，男孩不会感到有人直接与他展开对话，因而也不会因抑制而产生戒备心理。

在诊所，孩子通常要面对很多听众，这给他们留下了深刻的印象。这是一个全新的环境，给他们的印象是，他们不仅不再被束缚于狭小的空间，而且其他人也对他们感兴趣，因而感到自己是这个大环境的一部分。他们甚至还想突出和表现自己，尤其在他们下次还来的时候。他们知道将要发生什么——人们将会向他们问问题，询问他们情况如何，等等。根据具体情况，有的孩子一周来一次，有的孩子每天来。在这里，人们训练他们对教师的行为。他们知道，在这里没有人指责、批评和责骂他们，所有的问题都公开地被讨论和评价。如果一对夫妇正在吵架，而这时有人打开窗户，争吵就会停止。因为当窗户打开时，争吵就可能被人听到，而人们通常不想给人一种印象：他们的性格出了问题。这是前进的第一步。当孩子来到诊所接受咨询时，他们就迈出了这前进的一大步。

案例3

本案例中的孩子13岁半，是家中长子。

孩子11岁的时候，IQ是140。

可以说，他是一个聪明的孩子。

自从进入中学第二学期以来，他几乎没有什么进步。

根据我们的经验，如果一个孩子认为自己聪明，他就很可能会希望无须付出努力，就可以得到一切，其结果往往是“聪明反被聪明误”。孩子常常无所进步。例如，我们发现，这些孩子如果处于青春期，他们就会觉得自己比实际年龄更成熟。他们想证明自己不再是孩子了。他们越是想这样去证明自己，就越会遇到更多的困难。于是，他们开始怀疑自己是否真像原来他们所认为的那样聪明。因此，我们建议不要告诉孩子他很聪明，或他的智商是140。孩子不应该知道自己的智商高低，父母也一样。因为这就是一个聪明的孩子最后以失败告终的原因之一，因此，告诉他们智商是一件危险的事请。如果雄心勃勃的孩子不知道如何通过正确的方式获得成功，就会去寻找一条错误的成功之路。这些错误的方式有：患神经病、自杀、犯罪、偷懒或浪费时间。孩子会找出无数的理由，为自己无效的成功之路辩解。

他最喜欢的科目是科学，只喜欢与比自己年龄小的孩子交往。

我们知道，孩子和比他年小者交往的目的是使事情对他来说要更容易一些，可以当孩子头儿，也可以显示优越感。如果他喜欢和比他年龄小的孩子交朋友，那么，我们就会怀疑他怀有这样的目的。当然，情况并不只是如此，孩子有时也是为了显示自己的父性而与较小的孩子交往，不过，这也有问题。因为孩子父性的表达会排斥他与比他年长孩子的交往。他会有意识地排斥与年长孩子交往。

他喜欢足球和垒球。

我们可以假设，他肯定擅长这两种体育项目。也许，我们会听说，他在某些方面擅长，而对另一些方面却丝毫不感兴趣。这意味着，只有当他有把握获得成功，他才会表现得积极主动；当他没有把握时，他就拒绝参与。这当然不是一种正确的行为方式。

喜欢打牌。

这意味着他在浪费时间。

由于打牌，他便不能按时睡觉和做作业。

现在我们接触到对孩子的真正抱怨，这些抱怨都指向同一点。他没法取得学习进步，只是在浪费时间而已。

当他在婴儿期时，发育缓慢。2岁后开始迅速成长。

我们不知道为什么他在2岁前发育缓慢。这大概是他受到溺爱的结果，造成了发育缓慢。我们可以看到，被溺爱的孩子无须说话、走路或发挥身体功能，因为他们喜欢一切都为他们做得好好的，因此也就没有了发育的刺激。他后来之所以发育迅速的唯一解释就是，这期间他获得了发育成长的刺激，正是这样强烈的刺激使得他变成一个活泼、聪明的孩子。

他突出的性格特征是诚实和固执。

仅仅知道他诚实还不够。诚实自然是很好的品质，也确实是一个很大的优点。不过，我们并不知道他是否在利用自己的诚实来批评和责备别人。诚实很可能是他自我吹嘘的资本。我们知道他喜欢领导和支配他人。因此，他的诚实便成了他优越感的一种表现。我们不能确定，如果他处于不利境遇时，是否还继续诚实。至于固执，我们发现他喜欢我行我素、与众不同，不喜欢被别人领导。

他欺负他的小弟弟。

这句话证实了我们的判断。他想当头儿，而弟弟不愿服从，所以便欺负弟弟。这表现出他并不非常诚实。如果你真正了解他，你就会发现，他甚至可以说是个骗子。他喜欢自我吹嘘，并表现出一种优越感。这种优越情结清楚地表明，他的内心实际上深受自卑感的折磨。因为别人高估了他，他便低估自己。因为低估了自己，他不得不通过自我吹嘘来补偿。过度赞扬孩子是不明智的，因为他会认为别人对他期望很高。当他发现自己不能满足这些期望时，他就会开始恐惧和担心，结果他就采取办法掩盖自己的弱点，例如，欺负他的弟弟，等等。这就是他的生活方式。他感到自己不够强大也不够自信去独立和妥善地解决问题。因此，他开始沉溺于打牌。当他打牌的时候，没有人会发现他的自卑，即使他的学习成绩很差。他的父母总是说，他成绩不好是因为他总是打牌，这样就挽救了他的自尊心和虚荣心。渐渐地，他也开始受这种想法的影响："是的，因为我喜欢打牌，所以我学习不好；如果我不打牌，我就会成为一名最棒的学生。但是，我确实很喜欢打牌。"这样，他便得到满足，他自我安慰说，他能够成为最好的学生。只要这孩子不理解自己的心理逻辑，他就会沉溺于自我安慰，将自卑感隐藏起来，既不让别人知道，也不让自己知道。只要他坚持这么做，他就不会发生变化，获得进步。因此，我们必须以一种友善的方式向他解释他性格的根源，告诉他，他实际上表现得并不像他自我感知的那样，是一个足够强大、能够完成任务的人。他感知的自我强大只是为了隐藏自己的弱点和自卑感。我们应该通过友好的方式和不断地鼓励来做这一切。我们不应该总是赞扬他，赞扬他的智商高，这种不断赞扬可能会让他害怕自己不能永远获得成功。我们很清楚，智商在孩子后来生活中并不起很重要的作用。所有实验心理学家都知道，智商只不过揭示了测试当时的情况。生活是复杂多变的，并不是通过测试就能认识清楚。高智商并不能保证孩子真的能够解决生活中的所有问题。

孩子的真正问题在于他缺乏社会意识，在于他的自卑感。这些情况必须要向他解释清楚。

案例4

本案例中的小孩8岁半。它向我们说明，孩子是如何被宠坏的。罪犯和神经症患者主要来自这一类孩子。我们时代需要迫切解决的问题是，停止溺爱孩子。这并不意味着我们要停止喜爱他们，而是要停止溺爱和纵容他们。我们要把他们当作朋友和平等者来对待。这个案例很有价值，他为我们描述了被宠坏了孩子的特征。

孩子目前的问题是：每年都要留级，现在才读2年级。

一个孩子在一年级就被留级，我们怀疑他是否弱智。我们在分析的时候要记住这个可能性。另一方面，如果孩子开始学习很好，后来成绩一落千丈，那么，我们就可以排除弱智的可能性。

他像婴儿一样说话。

他想被溺爱，因此，便模仿婴儿。这意味着在他的内心深处有一个目的，因为他觉得模仿婴儿能带来好处。他这种理性的盘算实际上排除了他弱智的可能性。他不喜欢学校的功课，对此没有做好准备。因此，他没有按照学校的规章制度来发展，而是选择与环境对抗的方式来表达自己的追求。这种敌视态度的结果就是以留级作为代价。

他不服从自己的哥哥，跟哥哥打架打得很厉害。

因此，我们可以看到，哥哥对他来说是一个障碍。我们从这一点可以推测他哥哥是一个好孩子。他唯一能与哥哥抗衡的方式是当一个坏孩子。当然，他会在梦中想象，如果自己是个婴儿，就能超过哥哥。

他22个月才学会走路。

他可能患过佝偻病。如果直到22个月才学会走路，很可能是因为他总是被监护着，这22个月期间，他的母亲与他形影不离。他器官上的缺陷促使母亲更多地关照他、溺爱他。

他较早地学会说话。

现在，我们可以确定他不是弱智。弱智大多表现为孩子很难学会说话。

他总是像婴儿一样说话。他爸爸非常温柔慈爱。

他爸爸也很溺爱他。

他更喜欢妈妈。家里有两个男孩。他妈妈说，长子很聪明。两个孩子经常打架。

这两个孩子相互竞争，大多数家庭都是这样，尤其是家庭中头两个孩子之间更容易产生竞争。不过，任何两个在一起成长的孩子之间都会产生竞争。产生这种情况的心理是：当另一个孩子出生时，首先出生的孩子会感到被篡夺了王位，就像我们指出的那样（参见第7章）。只有孩子具有良好的合作意识，才能阻止这种情况的发生。

他算数很差。

被宠坏了的孩子在学校里遇到的最大困难就是学不好算数，因为算术涉及社会逻辑，而被溺爱的孩子不具备这种社会逻辑。

他的大脑肯定有问题。

我们没有发现这个问题。就他自己的目的来说，他的行为很明智、聪明。

他的母亲和老师都认为他手淫。

他可能有手淫的习惯。大多数孩子都手淫。

他妈妈说，他有黑眼圈。

我们不能从他的黑眼圈就得出他手淫的结论，虽然人们一般都这么认为。

他吃东西很挑剔。

我们可以看出他总是想引起母亲的关注，即使在吃饭方面。

他害怕黑暗。

怕黑是被溺爱孩子的又一表现。

他母亲说他有许多朋友。

我们认为，这些朋友都是他能够支配的人。

他对音乐感兴趣。

检查一下音乐人的外耳，会对我们有所启发。人们发现，音乐人的外耳曲线发育得更好。我们看了这个男孩之后发现，他拥有精致、敏感的耳朵。这种敏感性表现为对和谐声音的喜爱，拥有这种敏感性的人更有能力接受音乐教育。

他喜欢唱歌，但患有耳疾。

这种人很难容忍我们生活中的噪音。他们中的有些人更容易患上耳疾。听觉器官的构造具有遗传性，这就是为什么音乐天才和耳疾代代相传。这个男孩患有耳疾，而他的家里出了一些音乐人才。

要矫正这个孩子，就必须尽力使他变得更加独立和自强。目前，他并不自立，认为他的妈妈总会围着他转，永不离开他。他总是想得到妈妈的支持和操心，他妈妈自然也乐于给予。现在，我们要让他想做什么就做什么，哪怕是犯点错误。只有这样，他才能学会自立。他还要学会不与哥哥争夺妈妈的爱和关心。而目前两兄弟都感觉对方得到了偏爱，因此才会相互嫉妒了。

尤其必要的是，让孩子勇敢地面对学校生活中的问题。想一想，如果他不继续上学，那么会发生什么。他脱离学校的那一刻，他将偏向生活无用的一面。他也许先是逃学，离家出走，加入帮派。预防远胜于治疗，现在帮助他适应学校生活比日后去对付一个少年犯会更好。学校现在不过是一个关键的测试环境。孩子没有被训练去解决他所面临的问题，也缺乏解决问题的社会意识，这就是他为什么在学校遇到了困难。不过，学校应该给他新的勇气。当然，学校也有自己的问题：也许班级人数太多；也许教师没有做好激发学生内心勇气的准备。这就是悲剧所在。如果这个孩子遇到一位能够鼓励他、使他振作起来的教师，那么他就有救了。

案例5

这个案例中是一个10岁的女孩。

由于在算术和拼写方面存在困难，便被送到我们诊所接受治疗。

算术对于被溺爱的孩子来说，通常是一门困难的科目。这并不是说被溺爱孩子的算术一定很差，不过，根据我们的经验，情况往往是这样的。我们知道，左撇子儿童有拼写困难，是因为他们习惯从右往左看，从右往左阅读。他们阅读和拼写都十分正确，只不过方向相反而已。通常没有人理解这一点。人们只知道他们不能阅读，就简单地说他们不能正确地阅读和拼写。因此，我们怀疑这个女孩可能是左撇子。也许她拼写困难有另一个原因。如果在纽约，我们得考虑她也许来自另一个国家，因而不熟悉英语。若是在欧洲，我们就不用考虑这种可能性。

这个孩子过去生活中发生的重大事件：她的家庭在德国丧失了大部分财产。

我们不知道她何时从德国移民。这个女孩可能曾经有一段幸福时光，而现在这一切都结束了。新环境就像一种测试，揭示出她是否有合作精神、是否具有社会意识、是否具有勇气。也能揭示出她是否能够承受贫穷的重负，也就是说，这也意味着她是否学会了在生活中与他人合作，从她目前的情况来看，她与他人合作的意识和能力是有所欠缺的。

她在德国时是个好学生，她8岁时离开德国。

这是两年前的事情。

她在学校里没有什么进展，因为拼写有困难，而且这里算术的教学方式也与德国不同。

教师并不总能考虑到学生的这些问题。

母亲溺爱她，她也非常依恋她的母亲。她对父母同样喜欢。

如果你问孩子：“你更喜欢谁一些，是母亲还是父亲？”他们通常会回答说：“我都喜欢。”大人教他们这样回答。有许多方法可以测试这种回答的真实性。一个很好的方式就是将孩子放在父母中间，当我们与父母谈话时，孩子会转向她最喜欢的人。同样，当孩子走进父母的房间时，她也会走向她最喜欢的人。

她有一些同龄的女朋友，但并不很多。她最初的记忆是：她8岁时与父母住在德国的乡下，那时她经常在草地上与小狗玩耍。那时家里还有一辆马车。

她仍然记得她曾经的富裕生活、草地、小狗和马车。这就像一个破败的富人，总是经常怀念他曾经拥有的汽车、马匹、漂亮的房子和仆人，等等。我们可以理解，她对目前的状况感到不满意。

她常常梦到圣诞节，梦到圣诞老人送她的礼物。

她梦中所表达的愿望与她现实生活中的愿望一致。她总想得到更多的东西，因为她感到自己被剥夺了很多，她想重新获得过去拥有的一切。

她常常倚偎着妈妈。

这是她缺乏勇气和在学校遇到困难的表现。我们向她解释说，虽然她比其他孩子遭遇到了更多的困难，不过，她可以通过勤奋努力和勇气获得学习的进步。

她再次来诊所，没有妈妈陪伴。她的学习有所进展，能够独立地在家里完成作业。

我们曾经建议她要独立，不要依赖妈妈，要独立地去做自己的事情。

她为爸爸做早餐。

这是合作意识发展的表现。

她认为自己更有信心了，她和我们谈话时似乎也更自在、从容了。

我们要求她回去把母亲带过来。

她与她母亲一起来了，她母亲是第一次来。母亲一直工作很忙，之前脱不开身。她对我们说，这个女孩是个养女，2岁时被收养。女孩不知道自己是养女。在她出生的头两年，先后被转送了6处人家。

孩子的过去生活并不美好。她似乎在生命的头两年遭受很多苦难。因此，我们所面对的是一个曾遭人遗弃，后来又得到很好照顾的女孩。由于对早年痛苦经历的无意识印象，她很想紧紧抓住目前这种良好的处境。那两年的生活给她留下了深刻的印象。

当她的母亲收养她时，被告知要严格管教，因为她来自一个不好的家庭。

提这个建议的人深受遗传论的毒害。如果她对孩子严格管教，而孩子仍出现了问题，这人就会说："你看，我是正确的！"殊不知孩子成为问题儿童，也有他的一份责任。

孩子的亲生母亲是个坏女人，这使得养母觉得自己责任重大，因为她并不是自己的孩子。她有时还体罚孩子。

对女孩来说，现在的情形并不比以前好多少。养母对她的溺爱态度有时会突然中止，而代之以惩罚。

养父溺爱这个孩子，满足她所有的要求。如果她想要什么，她不是说"请"或"谢谢"，而是说"你不是我妈妈"。

孩子要么知道事情的真相，要么是碰巧说了这么一句击中母亲要害的话。曾有一个20岁的男青年认为他的母亲不是自己的亲生母亲，而他的养父母发誓说孩子不知道真相。显然，他有这种感觉。孩子能从一些细小的事情上得出结论。本案例中，孩子的养母认为“孩子不可能知道她是收养的”。不过，孩子自己可能已经感觉到这一点了。

不过，她只对妈妈而不是爸爸说这样的话。

因为她没有机会攻击爸爸，因为爸爸满足了她的所有要求。

她妈妈不能理解孩子在新学校的行为变化。孩子成绩不佳，她便责打孩子。

成绩不好，已使可怜的孩子感到羞辱和自卑，接着又挨妈妈的打——这太过分了。就算只在糟糕的成绩和挨打中取其一，也已经够她受的了。这一点值得教师深思，他们应该意识到，给孩子分发坏成绩报告单的那一刻，就是孩子在家里遭受惩罚的开始。明智的教师应该避免给孩子发这样的成绩单。

这个孩子说有时她完全失去理智，突然发脾气。她在学校情绪亢奋，扰乱课堂。她认为自己必须永远是第一名。

对于这种欲望，我们表示理解。因为她是家里唯一的孩子，并习惯了从爸爸那里获得她想要的一切。我们也很理解她喜欢成为第一。我们知道，过去她曾拥有乡村的草地，等等，现在却感到被剥夺了过去的优越条件。因此，她现在更为强烈地追求优越感，但当她找不到正确的表达渠道，便忘乎所以，制造麻烦。

我们向她解释，她必须学会与他人合作。她的激动亢奋是想成为关注的焦点，她发脾气也是为了让所有人都注视着她。她妈妈向她发怒，为了对抗她妈妈，她便不努力学习。

她梦见圣诞老人给她带来许多礼物。醒来之后，却发现什么也没有。

她总想唤起一种曾经拥有一切而“醒来时却一无所有”的情绪。我们不要忽视这其中隐藏着的危险。如果我们在梦中唤起这种情绪，而醒来时却发现一无所有，那么，我们自然会感到失望。然而，梦中的情绪和清醒时的情绪是一致的。也就是说，梦中的情绪的目的不是引发拥有一切的美妙情感，而恰恰是为了唤起一种失望感。她做梦的目的是为了达到这个目的，即体验一种失望感。患有抑郁症的人都会做类似的美妙的梦，醒来时却发现一切与梦境相反。我们理解，这女孩为什么喜欢一种失望感。她自己前途一片黑暗，于是想把一切都归咎于自己的母亲。她感到自己一无所有，而她的母亲什么也不给她。“她经常打我，只有爸爸才给我想要的东西。”

总结这个案例，女孩总是追求一种失望感，并借此责怪自己的母亲。她这是在和妈妈抗争。如果我们想终止这种抗争，就必须让她相信，她在家里、梦中和学校的行为都是出于完全相同的错误模式。她错误的生活方式主要是由于她来美国的时间太短，因而不能熟练掌握英语造成的。我们要让她相信，这些困难本来很容易克服，而她却故意利用它们作为对付母亲的武器。我们也必须说服母亲停止责罚孩子，这样就不会给她抗争的理由。我们还必须让孩子意识到，“我不专心、控制不住自己、发脾气等，就是因为我想给妈妈制造麻烦”。如果她认识到这点，那么她就会停止自己的坏行为。在她没有认识到自己在家里、学校和梦境之中的所有体验和印象的含义之前，要改变她的性格是不可能的。

这样，我们就知道了什么是心理学，心理学是试图理解一个人如何利用自己的印象和体验。或者说，心理学就是尝试理解孩子用来行动和对刺激做出反应的感知图式，尝试了解他如何看待刺激、如何对刺激做出反应和如何运用它们来达到自己的目的。

关键词汇表

个体心理学（individual psychology）：一种将个人作为一个不可分割的整体、一个统一体、目标导向的自我，在正常健康状态下是社会的完整一员和人类关系的参与者的研究。

自卑情结 （inferiority complex）：由自卑感或缺陷感引起的应激状态、心理逃避和对虚构的优越感的代偿性驱动力。

生活方式（life style）：个体心理学中的重要概念：由个体心理、信仰和对个体生活的个性化处理方式，以及他们性格中的统一特征共同构成。生活方式体现出对个人早期经验的创造性反馈，早期经验又反过来影响到他们对自己和对世界的观点以及他们的情感、动机和行动。

器官自卑（organ inferiority）：生理缺陷或是弱点，经常会引发代偿行为。

异性（other sex）：阿德勒对“相反性别”的表述，强调男性和女性并非对立，而是互补的概念。

溺爱（pampering）：对孩子过度纵容或过度保护，会阻碍孩子自立能力、勇气、责任心和与他人合作能力的发展。

精神（psyche）：神智，包括意识和无意识两方面的整体人格，它指导个体的驱动力，赋予知觉和感觉意义，并且是产生需求和目标的源头。

社会情感（social feeling）：共同精神，人类的同舟共济感，标志着全体人类的积极社会关系。在阿德勒看来，这些关系要健康且具有建设性，必须包括平等、互惠以及合作。社会情感开始于与同类的共鸣，发展成对基于合作与人人平等基础上的理想社会的追求。这一概念与阿德勒关于个人作为社会生物的观点一脉相承。